Christine Klein

Sequentielles Zweifarben- fluoreszenzverfahren für Temperaturfelder

Christine Klein

Sequentielles Zweifarben-fluoreszenzverfahren für Temperaturfelder

Entwicklung eines Messverfahrens zur Bestimmung des Temperaturfeldes in Mikrowärmeübertragerkanälen

Südwestdeutscher Verlag für Hochschulschriften

Impressum/Imprint (nur für Deutschland/only for Germany)
Bibliografische Information der Deutschen Nationalbibliothek: Die Deutsche Nationalbibliothek verzeichnet diese Publikation in der Deutschen Nationalbibliografie; detaillierte bibliografische Daten sind im Internet über http://dnb.d-nb.de abrufbar.

Alle in diesem Buch genannten Marken und Produktnamen unterliegen warenzeichen-, marken- oder patentrechtlichem Schutz bzw. sind Warenzeichen oder eingetragene Warenzeichen der jeweiligen Inhaber. Die Wiedergabe von Marken, Produktnamen, Gebrauchsnamen, Handelsnamen, Warenbezeichnungen u.s.w. in diesem Werk berechtigt auch ohne besondere Kennzeichnung nicht zu der Annahme, dass solche Namen im Sinne der Warenzeichen- und Markenschutzgesetzgebung als frei zu betrachten wären und daher von jedermann benutzt werden dürften.

Verlag: Südwestdeutscher Verlag für Hochschulschriften GmbH & Co. KG
Heinrich-Böcking-Str. 6-8, 66121 Saarbrücken, Deutschland
Telefon +49 681 37 20 271-1, Telefax +49 681 37 20 271-0
Email: info@svh-verlag.de

Zugl.: Karlsruhe, TH, Diss., 2008

Herstellung in Deutschland:
Schaltungsdienst Lange o.H.G., Berlin
Books on Demand GmbH, Norderstedt
Reha GmbH, Saarbrücken
Amazon Distribution GmbH, Leipzig
ISBN: 978-3-8381-2994-5

Imprint (only for USA, GB)
Bibliographic information published by the Deutsche Nationalbibliothek: The Deutsche Nationalbibliothek lists this publication in the Deutsche Nationalbibliografie; detailed bibliographic data are available in the Internet at http://dnb.d-nb.de.

Any brand names and product names mentioned in this book are subject to trademark, brand or patent protection and are trademarks or registered trademarks of their respective holders. The use of brand names, product names, common names, trade names, product descriptions etc. even without a particular marking in this works is in no way to be construed to mean that such names may be regarded as unrestricted in respect of trademark and brand protection legislation and could thus be used by anyone.

Publisher: Südwestdeutscher Verlag für Hochschulschriften GmbH & Co. KG
Heinrich-Böcking-Str. 6-8, 66121 Saarbrücken, Germany
Phone +49 681 37 20 271-1, Fax +49 681 37 20 271-0
Email: info@svh-verlag.de

Printed in the U.S.A.
Printed in the U.K. by (see last page)
ISBN: 978-3-8381-2994-5

Copyright © 2012 by the author and Südwestdeutscher Verlag für Hochschulschriften GmbH & Co. KG and licensors
All rights reserved. Saarbrücken 2012

Kurzfassung

Die vorliegende Arbeit beschäftigt sich mit der Entwicklung eines neuen, mittlerweile patentierten Messverfahrens ("Verfahren zur Bestimmung eines Temperaturfeldes", Forschungszentrum Karlsruhe, Deutsches Patent, DE 102008056329 Offenlegung 25. September 2008, Christine Klein [Kle08]) für das lokale Temperaturfeld von Wasser durchströmten Mikrowärmeübertragerkanälen.

Bisher sind experimentelle Daten in der Literatur zum Wärmeübergang in Mikrokanälen, basierend auf integralen Messungen der Ein- und Austrittstemperatur, widersprüchlich, unvollständig und weisen größere Diskrepanzen im Vergleich zu makroskopischen Korrelationen auf. Ein ortsauflösendes Messverfahren kann helfen, die Widersprüche zu klären und grundlegende Messungen in Mikrokanälen durchzuführen.

Für die experimentellen Untersuchungen wird ein Versuchsaufbau mit einer modularen, optisch zugänglichen Mikrokanalbaugruppe mit einem einzelnen Rechteckkanal, in dem Reynolds-Zahlen bis $Re < 1100$ realisiert werden können, konzipiert. Der symmetrische Aufbau gewährleistet einen symmetrischen Wandwärmestrom. Druck, Einlauftemperatur, Massenstrom und Wandtemperatur können hochpräzise kontrolliert werden, um das Messverfahren mit isothermen Temperaturfeldern (Genauigkeit von unter $0,02\,°C$) kalibrieren und unter genau definierten Versuchsbedingungen messen zu können.

Um das Temperaturfeld im Mikrokanal zu messen, wird eine auf induzierter Fluoreszenz basierende neuartige Zwei-Farben-Messtechnik mit sequentieller Detektion des Fluoreszenzsignals von Rhodamin B und Sulforhodamin 101 angewendet. Bei Rhodamin B hängt die Fluoreszenzintensität in einem eindeutigen Zusammenhang nur von der Temperatur ab, wenn bestimmte andere Einflussgrößen (wie z.B. die anregende Lichtintensität) konstant gehalten werden. Mit Hilfe von Sulforhodamin 101 kann der Einfluss der anregenden Lichtintensität und damit Beugungseffekte aufgrund von Brechungsindexgradienten eliminiert werden. Um der begrenzten räumlichen Zugänglichkeit Rechnung zu tragen, wird das Verfahren zu einem Epifluoreszenzmikroskopieverfahren modifiziert. Durch eine niedrige Farbstoffkonzentration von $0,01\,g/l$ in Kombination mit dem symmetrischen Aufbau können Absorptionseffekte eliminiert und dadurch ein höhengemitteltes Temperatursignal ohne Wichtung registriert werden. Durch diese Maßnahmen ist es erstmals möglich, lokale Temperaturen mit einer Genauigkeit von weniger als $0,3\,°C$ reproduzierbar zu messen. Die zweidimensionale Temperaturverteilung kann bis zu $8\,\mu m$ Entfernung von der Wand gemessen werden. Anhand der experimentell bestimmten Temperaturfelder und -gradienten im Fluid wird der Wärmeübergang von der Kanalwand zum Fluid mit Hilfe eines eindimensionalen Models analytisch bestimmt.

Ergänzend werden numerische Simulationsrechnungen der Kanalströmung und des Temperaturfeldes durchgeführt. Die experimentellen Ergebnisse zeigen eine gute Übereinstimmung mit Ergebnissen aus dreidimensionalen numerischen Simulationen basierend auf der Navier-Stokes-Gleichung und der Energiegleichung. Der Vergleich der Temperaturprofile aus der CFD Rechnung mit den Profilen aus der Einfarben- und der Zweifarbenmethode zeigt das Potential der Zweifarbenmethode Brechungsindexgradienten basierte Beugungseffekte zu kompensieren.

Inhaltsverzeichnis

Nomenklatur	v
1. Mikrowärmeübertrager	**3**
1.1. Technische Anwendungen und Eigenschaften	3
1.2. Ziel der Arbeit	4
2. Wärmeübergang in flüssigkeitsdurchströmten Kanälen	**7**
2.1. Grundlagen der Wärmeübertragung	7
2.1.1. Wärmeleitung in der Wand und in der Flüssigkeit	7
2.1.2. Wärmeübertragung an laminar strömende Flüssigkeiten	8
2.2. Wärmeübergänge in konventionellen Rohren und rechteckigen Kanälen .	10
2.2.1. Einfluss der Strömungsgeschwindigkeit auf den Wärmeübergang .	10
2.2.2. Wärmeübergang bei konstanter Wandtemperatur	11
2.2.3. Wärmeübergang bei konstanter Wärmestromdichte	15
2.3. Übersicht experimenteller Ergebnisse in der Literatur zum Wärmeübergang in Mikrokanälen.	20
3. Temperaturmessverfahren für Mikrokanäle	**27**
3.1. Thermografie	27
3.2. Temperaturmessung mit Thermoelementen und Widerstandsthermometern	28
3.3. Temperaturmessung mit Hilfe thermochromer Flüssigkristalle	30
3.4. Temperaturgradientenbestimmung durch Strahlablenkung	30
3.5. Induzierte Fluoreszenz von Farbstofflösungen als Messverfahren	31
3.5.1. Funktionsprinzip der induzierten Fluoreszenz	31
3.5.2. Auswahl und Prüfung des Fluoreszenzfarbstoffs	33
3.5.3. Farbstofftestung	36
3.5.4. Zweifarbenfluoreszenzverfahren nach Sakakibara und Adrien . . .	37
3.5.5. Sequenzielles Zweifarbenfluoreszenzverfahren	40
3.5.6. Literaturübersicht.	41

4. Experimentelle Untersuchungen — 43
- 4.1. Versuchsaufbau 43
  - 4.1.1. Anlage zur Erzeugung einer druckgetriebenen Strömung 43
  - 4.1.2. Realisierung eines definiert temperierbaren, optisch zugänglichen Mikrokanalmoduls 45
  - 4.1.3. Erfassung der Wandtemperatur 47
  - 4.1.4. Optischer Aufbau 49
- 4.2. Messtechnik 52
  - 4.2.1. Erfassung der Fluoreszenzintensität im Kanal 52
  - 4.2.2. Neuartiges Verfahren zur Eliminierung des Einflusses der Absorption im Messkanal 52
- 4.3. Versuchsdurchführung 56
  - 4.3.1. Bestimmung der Wandposition, Kanalbreite und Höhe 56
  - 4.3.2. Normierung und Kalibrierung der Fluoreszenzintensität 58
- 4.4. Versuchsauswertung und Ergebnisse 62
  - 4.4.1. Vergleich Temperaturprofile Ein- und Zweifarbenprofile 62
  - 4.4.2. Mittlere Temperatur entlang des Kanals 65
  - 4.4.3. Ermittelung der Nußelt-Zahl und des Wärmeübergangskoeffizienten 67
  - 4.4.4. Fehlerminimierung und Fehlerabschätzung 72
  - 4.4.5. Einflüsse aufgrund variabler Anregungslichtintensität 73
  - 4.4.6. Fehler einzelner Messwerte 75

5. Numerische Simulation — 79
- 5.1. Mathematische Modellierung 79
  - 5.1.1. Simulationsgebiet 79
  - 5.1.2. Grundgleichungen 79
  - 5.1.3. Dimensionsanalyse des Problems 81
  - 5.1.4. Unterschiedliche Materialien 82
  - 5.1.5. Temperaturabhängigkeit der Stoffeigenschaften von Wasser 82
  - 5.1.6. Software 83
- 5.2. Numerische Instabilitäten 83
- 5.3. Ergebnisse 85
  - 5.3.1. Geschwindigkeit im Fluid 85
  - 5.3.2. Temperatur in Kupferplatte und Fluid 85
  - 5.3.3. Vergleich Temperaturprofile Ein- und Zweifarbenprofile mit der Lösung aus der numerischen Simulationsrechnung 87

    5.3.4. Mittlere Temperatur entlang des Kanals 89

6. Schlußfolgerung   91

Literaturverzeichnis   96

A. Prozessdaten   107

B. Geräte- und Materialliste   111

C. Vergleich Messverfahren zur Bestimmung der Kanalbreite   113

Nomenklatur

Lateinische Zeichen

a	m^2/s	Temperaturleitfähigkeit
a^*	-	Seitenverhältnis
A	m^2	Wärmeübertragende Fläche
A_q	m^2	Fläche des Kanalquerschnitts
B	m	Kanalbreite
c	g/l	Konzentration des Farbstoffes
c_p	$J/(kg\ K)$	spezifische Wärmekapazität bei konstantem Druck
c_S	m/s	Schallgeschwindigkeit
d	m	Innendurchmesser
d_{char}	m	charakteristische Abmessung
d_h	m	hydraulischer Durchmesser
f	-	Reibungsbeiwert
H	m	Kanalhöhe
I	$J/(m^2\ s)$	Intensität
I_0	$J/(m^2\ s)$	Intensität des anregenden Lichts
I_F	$J/(m^2\ s)$	Fluoreszenzintensität
I_{Korr}		Fluoreszenzintensität normiert mit Referenzintensität
I_{Total}	$J/(m^2\ s)$	an Kanaloberfläche aufsummierte Fluoreszenzintensität aus gesamtem Kanal
l	m	Länge
L_{hy}	m	hydraulische Einlauflänge
L_λ	$J/(m^2\ s)$	Strahlungsdichte
$\dot{m}$	kg/s	Massenstrom
M	$[Wm^{-2}]$	spezifische Ausstrahlung

n	-	Zähler
$\vec{n}$	-	Normalenvektor
p	Pa, bar	Druck
$\dot{q}$	W/m^2	Wärmestromdichte
$\dot{Q}$	J/s	Wärmestrom
R	-	Rhodamin B
s	m	Wandabstand
S	-	Sulforhodamin 101
S_i	-	Singlet im elektronischen Energiezustand i
t	s	Zeit
T	K	Temperatur
T_i	K	Temperatur am Ort i
Tr_i	-	Triplett im elektronischen Energiezustand i
u, v, w	m/s	Komponente der Geschwindigkeit $\vec{v}$ in x, y, z-Richtung
u_m	m/s	mittlere Geschwindigkeit in Richtung der Kanalachse
U	m	innere Rohrumfang
U_1	V	Spannung in Material 1
$\vec{v}$	m/s	Geschwindigkeitsvektor
$\dot{V}$	m^3/s	Volumenstrom

Griechische Zeichen

α	$W/(m^2 K)$	Wärmeübergangskoeffizient
α_m	$W/(m^2 K)$	mittlere Wärmeübergangskoeffizient
γ	-	Formparameter
Δ	-	Differenz, Abstand, Fehler
ϵ	m^2	Absorptionskoeffizient
λ	m	Lichtwellenlänge
λ_{max}	μm	Lichtwellenlänge mit maximaler Energiestrahlung
λ_l	m	Wellenlänge
λ_{th}	$W/(m\ K)$	Wärmeleitfähigkeit
Λ	m	freie Weglänge
μ	$Pa\ s$	dynamische Viskosität
η	m^2/s	kinematische Viskosität

Φ	-	Quanteneffizienz
ρ	kg/m^3	Dichte
σ	-	Standardabweichung
ζ	-	Aufnahmeverzerrung

Dimensionslose Kennzahlen

Br	Brinkmann-Zahl
Kn	Knudsen-Zahl
Nu	Nußelt-Zahl
$Nu_{x,T}$	lokale Nußelt-Zahl an der Stelle x bei konstanter Wandtemperatur
$Nu_{m,H}$	mittlere Nußelt-Zahl bei konstantem Wandwärmestrom
$Nu_{\sqrt{A}}$	Nußelt-Zahl, gebildet mit der Quadratwurzeln der jeweiligen Querschnittsflächen als charakteristische Kanalabmessung
Pe	Péclet-Zahl
Pr	Prandtl-Zahl
Re	Reynolds-Zahl
$Re_{\sqrt{A}}$	Reynolds-Zahl, gebildet mit der Quadratwurzeln der jeweiligen Querschnittsflächen als charakteristische Kanalabmessung

Konstanten

c_S	$330\,m/s$	Schallgeschwindigkeit
σ_s	$5,67 \cdot 10^{-8} W/(m^2 K^4)$	Stefan-Boltzmann-Konstante
c_1	$1,741 \cdot 10^{-16} W/(m^2)$	Planksche Strahlungskonstante
c_2	$0,014387\,Km$	Planksche Strahlungskonstante
K	Wert materialabhängig	Seebeck-Koeffizient

1. Mikrowärmeübertrager

In diesem Kapitel ist dargestellt, warum eine Beschäftigung mit Mikrokanälen sinnvoll erscheint, welche Anwendungsgebiete es gibt und wie die vorliegende Arbeit zum Verständnis des Wärmeübergangs in solchen Kanälen beitragen soll.

1.1. Technische Anwendungen und Eigenschaften

Neuere Fertigungsmethoden, wie Mikrolithographie, Mikroprägeverfahren und Spritzguss, Mikroätzverfahren und -erodiertechniken, mechanische Abriebverfahren, wie Mikrosäge- und Mikrofräsverfahren, sowie Lasermikrostrukturierung, ermöglichen die Fertigung von Strukturgrößen unter $\leq 1\,\mu m$.

Mikroapparate wie Mikrowärmeübertrager und Mikroreaktoren mit charakteristischen Kanalabmessungen für Transportprozesse im Mikrometerbereich werden aufgrund dieser Fertigungsmöglichkeiten verstärkt industriell eingesetzt. Zudem öffnen sich neue Märkte für Mikroreaktoren und Mikrowärmeübertrager für die Kühlung von elektronischen Bauteilen in der Automobilindustrie und in der Mikroverfahrenstechnik. In diesen Mikroapparaten kommen typischerweise fluiddurchströmte Mikrokanäle zum Einsatz.

Entwicklungsfortschritte und Integrationstechnologien für integrierte Schaltkreise führen zu höheren Schaltkreis- und Leistungsdichten mit erhöhter Abwärmeproduktion. Da die Leistungsfähigkeit einzelner elektronischer Komponenten von der Temperatur abhängt, ist hier eine effiziente Temperierung durch den Einsatz von Mikrokühlern von Vorteil. Aufgrund des großen Oberflächen-/Volumenverhältnisses erreichen Mikrowärmeübertrager teils mehrere Größenordnungen größere Wärmeleistungsdichten als makroskopische Wärmeübertrager.

Andere Anwendungsfälle sind die chemische Prozesskontrolle in der Mikroverfahrenstechnik. Mikroreaktoren weisen aufgrund kleinerer charakteristischer Längen und verbessertem Wärmetransport höhere Reaktionsgeschwindigkeiten und höhere Reaktionsproduktausbeuten auf. Insbesondere bei stark exothermen Reaktionen sind die Kenntnisse des Wärmeübergangs von Mikrowärmeübertragern von großem Nutzen. Auch ist die Möglichkeit einer optimalen Prozesstemperierung hinsichtlich Reaktionsproduktausbeu-

te, Reaktionsgeschwindigkeit und der Sicherheitstechnik von Vorteil. Dazu kann durch die Kanalabmessungen in den Mikroreaktoren das Verhältnis von Oberfläche zu Volumen in einem weiten Bereich für eine effiziente Wärmeübertragung variiert werden.
In Abbildung 1.1 und 1.2 sind Mikrowärmeübertrager dargestellt, wie sie im Forschungszentrum Karlsruhe (FZK) gefertigt werden. Die Mikrowärmeübertrager haben typischerweise Kantenlängen von ca. $1 - 3\,cm$ und verfügen über makroskopische Anschlüsse. Sie weisen eine spezifische Wärmeübertragerfläche von bis zu $30000\,m^2/m^3$ auf. Bei der

Abbildung 1.1.: Kreuzwärmeübertrager aus Edelstahl, entnommen aus Brandner et. al. [BAB05].

Abbildung 1.2.: REM Aufnahme eine aufgeschnittenen Kreuzwärmeübertrager, entnommen aus Brandner et al. [BAB05].

Fertigung werden Mikrokanäle mit typischen Kanalquerschnitten von $70-200\,\mu m$ in Metallfolien gefräst. Die Folien werden anschließend um 90° gedreht aufeinander gelegt und durch Diffusionsbonden miteinander verschweißt. Danach wird der aus mehreren hundert Mikrokanälen bestehende Verbund in ein Gehäuse eingeschweißt. Ein solches Aggregat ermöglicht bei Verwendung von Wasser als heizendes und als kühlendes Medium eine Wärmeübertragerleistung von bis zu $20\,kW$ bei $1\,cm^3$ Volumen.
Der Druckverlust ist allerdings auch wesentlich größer als in Makrowärmetauschern: bei gleicher Strömungsgeschwindigkeit von $1\,m/s$ und einer angelegten Temperaturdifferenz von $\Delta T = 10\,°C$ ist das Verhältnis des Prozentsatzes an Druckverlustes Mikro/Makro $= 10^4$ bezogen auf einen Kanal gleicher Länge, [Ehr08]. Ein Schlüsselproblem ist es, den Wärmeübergang in Mikrowärmeübertragern zu untersuchen und zu verbessern mit möglichst geringem Druckanstieg bei gleichen Abmessungen des Mikrowärmeübertragers.

1.2. Ziel der Arbeit

Zur Auslegung und Optimierung von Mikrowärmeübertragern werden neben integralen Korrelationen zum Druckabfall und Wärmeübergang auch zuverlässige Korrelationen zum

1.2 Ziel der Arbeit

lokalen Wärmeübergang oder zum Temperaturfeld benötigt. Diese fehlen in der Literatur bisher gänzlich. Ein Grund liegt darin, dass kein geeignetes, ortsauflösendes Messverfahren zur Verfügung steht und die Temperatur deshalb nur integral in den Ein- und Austrittsplenen erfasst werden kann.

Das Ziel dieser Arbeit ist deshalb, ein ortsauflösendes Messverfahren zur Temperaturfeldmessung zu entwickeln, um grundlegende Messungen in Mikrokanälen durchführen zu können. Ein solches Messverfahren ist erforderlich, um die Diskrepanzen zwischen den in der Literatur dargestellten Ergebnissen zu klären. Ein berührungsfreies, optisches Messverfahren soll es erlauben, in Mikrowärmeüberträgerkanälen mit Seitenlängen im Bereich von $200\,\mu m$ und mit Wasser als Arbeitmedium den lokalen Wärmeübergang durch die Bestimmung des lokalen Temperaturfeldes mit hoher räumlicher Auflösung für Reynolds-Zahlen $Re < 1100$ zu bestimmen.

Zu diesem Zweck soll ein Versuchsaufbau mit einem Rechteckmikrokanal mit einem zweidimensionalen symmetrischen Wärmestrom von den Wänden in das Fluid konzipiert und aufgebaut werden. Neben den integralen physikalischen Größen wie Druck, Einlauf- und Austrittstemperatur und Massenstrom sollen die lokale Wandtemperatur, das lokale Temperaturfeld und die lokalen Temperaturgradienten erfasst und so der lokale Wärmeübergang bestimmt werden können. Die Ergebnisse werden durch eine numerische Simulation des Temperaturfeldes ergänzt.

2. Wärmeübergang in flüssigkeitsdurchströmten Kanälen

2.1. Grundlagen der Wärmeübertragung

2.1.1. Wärmeleitung in der Wand und in der Flüssigkeit

Bereits 1822 wurde von Fourier ohne Kenntnis der zugrunde liegenden molekularen Transportprozesse der folgende Zusammenhang für die Wärmeleitung in Flüssigkeiten und Festkörpern (in differentieller Schreibweise) gefunden:

$$\dot{q} = -\lambda \nabla T. \tag{2.1}$$

$\dot{q}$ ist Wärmestromdichte, ∇T ist der treibende Temperaturgradient und λ die Wärmeleitfähigkeit, die auftretende Proportionalitätskonstante, die eine von Temperatur und Druck abhängige Stoffeigenschaft darstellt.

Die zugrunde liegenden molekularen Transportprozesse wurden erst später gefunden. Die Träger des Energietransportes sind in nichtmetallischen Wänden Phononen (Energiequanten einer elastischen Welle) und in metallischen Wänden und in Flüssigkeiten zusätzlich Elektronen. Ihre begrenzte Eigengeschwindigkeit limitiert die Energieübertragung auf eine maximale Geschwindigkeit. Bei nichtmetallischen Festkörpern und Flüssigkeiten verhalten sich die Phononen wie ein ideales Gas. Man nimmt an, dass die Moleküle eines idealen Gases, die sich zwischen den zwei Wänden mit den Temperaturen T_1 und T_2 mit dem Wandabstand s befinden, bei einer Wandberührung die jeweilige Wandtemperatur annehmen und sich mit einer bestimmten stoffspezifischen Wärmekapazität mit ihrer Geschwindigkeit zur anderen Wand transportieren. Allerdings stößt ein Molekül dabei nach einer mittleren freien Weglänge Λ mit einem anderen Molekül zusammen und die beiden gleichen ihre Energien an. Zusammenstöße verringern die Wärmetransportgeschwindigkeit um den Faktor ihrer Häufigkeit $\frac{\Lambda}{s}$ auf der Wegstrecke s von der einen Wand zu der anderen. Daraus ergibt sich der Zusammenhang für die Energiestromdichte $\dot{q}$ für die Phononen im nichtmetallischen Festkörper in grober Näherung nach Schlünder [SM85]:

$$\dot{q} = -\frac{1}{3}\rho c_p c_S \Lambda_{Phonon} \frac{T_2 - T_1}{s}. \tag{2.2}$$

Dabei ist c_S die Schallgeschwindigkeit, ρ die Dichte, c_p die spezifische Wärmekapazität bei konstantem Druck, Λ die freie Weglänge der Phononen, $T_2 - T_1$ die treibende Temperaturdifferenz.

Nach Schlünder [SM85] stimmen experimentell ermittelte Werte für die Wärmeleitfähigkeit für unterschiedliche Materialien λ in befriedigender Weise mit dem oben theoretisch hergeleiteten Wert $\frac{1}{3}\rho c_p c \Lambda_{Phonon}$ überein.

2.1.2. Wärmeübertragung an laminar strömende Flüssigkeiten

Befinden sich die Körper, zwischen denen Wärme übertragen wird, relativ zueinander in Bewegung, zum Beispiel eine Kanalwand und ein laminar strömendes Fluid im Kanal, wird auch an der Kontaktfläche der Medien Wärme durch Wärmeleitung übertragen. Im Kanal selbst kommt zur Wärmeleitung ein weiterer Wärmetransportmechanismus, die Konvektion, hinzu. Der örtliche Wärmeübergangskoeffizient α ist definiert als

$$\alpha = \frac{\dot{q}}{(T_W - T_F)}, \tag{2.3}$$

wobei $\dot{q}$ die Wärmestromdichte zwischen Wand und Fluid ist und $\Delta T = T_W - T_F$ der treibende Temperaturunterschied. Bei der Wärmeübertragung auf ein laminar strömendes Medium spielen außer den geometrischen Abmessungen die Stoffwerte, die Kontaktzeiten und die Strömungsgeschwindigkeiten eine Rolle. Von besonderer Bedeutung für den Wärmeübergang ist die Strömungsgrenzschicht. Bei einer turbulenten Strömung hängt die Menge der übertragenen Wärme zusätzlich noch von der Eigengeschwindigkeit der turbulenten Schwankungen ab. Unmittelbar an der Wand herrscht auch im Fluid aufgrund der Wandhaftbedingung reine Wärmeleitung. Daher gilt im Fluid für den Wandabstand $y \longrightarrow 0$:

$$\dot{q} = -\lambda \left(\frac{\partial T}{\partial y}\right)_W. \tag{2.4}$$

Damit ergibt sich für den Wärmeübergangskoeffizient α

$$\alpha = -\lambda \frac{\left(\frac{\partial T}{\partial y}\right)_W}{(T_W - T_F)}. \tag{2.5}$$

2.1 Grundlagen der Wärmeübertragung

T_F ist die adiabate Mischungstemperatur im Kanal, da sie für den Energietransport des strömenden Fluids in Richtung Kanalachse charakteristisch ist. Praktisch kann sie für eine konstante spezifische Wärmekapazität folgendermaßen berechnet werden:

$$T_F = \frac{1}{\dot{M}} \int_A \rho u T dA. \qquad (2.6)$$

u ist die Komponente der lokalen Geschwindigkeit in Richtung der Kanalachse, T die Temperatur, ρ die Dichte und $\dot{M}$ der Massenstrom. Betrachtet man allerdings nicht an einer Stelle den Wärmeübergang, sondern den gesamten von einer Fläche A der Wand an das Fluid übergehenden Wärmestrom $\dot{Q}$, lässt sich dieser aus dem lokalen Wärmeübergang durch Integration über die Wärme übertragende Kanalfläche A berechnen:

$$\dot{Q} = \int_{A_q} \dot{q}(A_q) dA_q = \int_{A_q} \alpha(T_W - T_F) dA_q. \qquad (2.7)$$

Der integrale Wert berechnet sich aus den Temperaturen am Einlauf T_{Fa} und am Auslauf T_{Fe} nach dem ersten Hauptsatz der Thermodynamik:

$$\dot{Q} = \dot{M} c_p (T_{Fa} - T_{Fe}). \qquad (2.8)$$

Aus diesem Wärmestrom $\dot{Q}$ lässt sich ein mittlerer Wärmeübergangskoeffizient α_m berechnen:

$$\alpha_m = \frac{\dot{Q}}{A \Delta T}. \qquad (2.9)$$

Dabei wird für ΔT insbesondere das logarithmische Mittel benutzt:

$$\Delta T_{log} = \frac{T_{Fa} - T_{Fe}}{ln \frac{(T_{We} - T_{Fe})}{(T_{Wa} - T_{Fa})}}, \qquad (2.10)$$

wobei T_{We} die Wandtemperatur am Einlauf und T_{Wa} die Wandtemperatur am Austritt ist. Häufig wird der Wärmeübergangskoeffizient in dimensionsloser Form, der Nußelt-Zahl Nu, angegeben:

$$Nu = \alpha \frac{d}{\lambda}. \qquad (2.11)$$

Als charakteristische Länge wird bei durchströmten Kanälen typischerweise der Innendurchmesser d verwendet. Die Nußelt-Zahl kann nach Hapke [Hap04] interpretiert werden als Verhältnis der Widerstände gegen den Transport durch Leitung zum gesamten Wärmeübergangswiderstand. Bei konvektionsdominanten Problemen ist die Nußelt-Zahl im Wesentlichen von der Reynolds-Zahl und der Prandtl-Zahl abhängig. Es gilt der funktionale Zusammenhang $Nu = Nu(Re, Pr)$.

2.2. Wärmeübergänge in konventionellen Rohren und rechteckigen Kanälen

Wärmeübergangskoeffizienten bei turbulenter Strömung in nicht kreisförmigen Rohren werden analog zu denen der Kreisrohre berechnet; dabei ist statt des Rohrdurchmessers der hydraulische Durchmesser d_h einzusetzen:

$$d_h = \frac{4A}{U}. \qquad (2.12)$$

A ist Querschnittsfläche und U innerer Umfang. Laut Gnielinski [Gni02] lassen sich für Rohre mit nichtkreisförmigem Querschnitt bei Laminarströmung keine einheitlichen Gleichungen angeben. Dennoch werden die Korrelationen für konventionelle Rohre oft auch für konventionelle Rechteckkanäle angewendet mit dem hydraulische Durchmesser d_h als charakteristischer Länge. Übersichtsarbeiten zum Wärmeübergang in rechteckigen Kanälen finden sich bei Shah [SL78], Kakac [KSA87], Kakac und Yener [KY83] und Rohsenow [RHC88], die sich größtenteils auf die gleichen experimentellen, analytischen und numerischen Arbeiten beziehen, von denen die wichtigsten Fälle nachfolgend dargestellt werden. Bei der thermisch und hydrodynamisch eingelaufenen Laminarströmung in einem nicht kreisförmigen Kanal ergibt eine Dimensionsanalyse nach Yovanovich und Muzychka [YM97], dass die charakteristische Länge für das Problem die Wurzel der Querschnittsfläche und nicht der hydraulische Durchmesser ist. Ihre Erkenntnisse sind in Abbildung 2.3 dargestellt. Zu der gleichen Erkenntnis kommt Bejan [Bej05].

2.2.1. Einfluss der Strömungsgeschwindigkeit auf den Wärmeübergang

Unterschiedliche Flüssigkeitsteilchengeschwindigkeit $\vec{v} = \vec{v}(x,y,z)$ an verschiedenen Orten $\vec{x} = (x,y,z)$ in einem durchströmten Rohr oder Kanal bedingen unterschiedliche Kontaktzeiten. Aufgrund dessen ist der Charakter der Strömung, das heißt laminar oder turbulent, einlaufend oder eingelaufen mit entscheidend für den Wärmeübergang. In einem Rohr entsteht ab dem Einlauf eine Grenzschicht, die nach einer gewissen Einlauflänge zusammen wächst. Im Falle einer Reynolds-Zahl $Re = \frac{u_m d}{\nu} \leq 2300$ bildet sich ein parabolisches Laminarprofil. u_m ist die mittlere Geschwindigkeit, d der Rohr- bzw. im Falle eines Kanals der hydraulische Kanaldurchmesser, ν die kinematische Viskosität. Für rechteckige Kanäle mit der Höhe H und der Breite B gilt nach Hanks [WR66] für ein Seitenverhältis $a^* = \frac{H}{B} = 1$ eine kritische Reynolds-Zahl von $Re = 2060$. Das Profil,

2.2 Wärmeübergänge in konventionellen Rohren und rechteckigen Kanälen

das sich nach einer Einlaufstrecke L_{hy} bildet, ist nach Dryden [DMB32]:

$$u(y,z) = -\frac{4B^2}{\pi^3 \eta} \frac{\partial p}{\partial x} \sum_{n=1,3,\ldots}^{\infty} \frac{1}{n^3}(-1)^{(n-1)/2}\left[1 - \frac{cosh(n\pi y/B)}{cosh(n\pi 0.5 H/B)}\right]. \qquad (2.13)$$

u ist die Komponente der Geschwindigkeit $\vec{v}$ in x-Richtung (Richtung der Kanalachse), η die kinematische Viskosität und p der Druck. Die entdimensionierte Einlauflänge $L_{hy}^+ = \frac{L_{hy}}{d_h Re}$ hängt für rechteckige Kanäle vom Seitenverhältnis $a^* = \frac{H}{B}$ der Kanalwände ab. Eine Auswahl von unterschiedlichen Ergebnissen für die Einlauflänge wird in Tabelle 2.1 dargestellt. Der Wärmeübergang wird durch die Erhaltungsgleichungen für die

Seitenverhältnis a^*	Wiginton, Dalton [WD70]	Han [Han60]	McComas [McC67]
1	0,09	0,0752	0,0324
0,75		0,0735	0,0310
0,5	0,085	0,066	0,0255

Tabelle 2.1.: Entdimensionierte Einlauflängen $L_{hy}^+ = \frac{L_{hy}}{d_h Re}$ für rechteckige Kanäle bei Laminarströmung.

Energie, den Impuls und die Masse mathematisch vollständig beschrieben. Bei einfachen Geometrien und Randbedingungen kann eine analytische Lösung möglich sein, ansonsten müssen die Gleichungen numerisch gelöst werden.

2.2.2. Wärmeübergang bei konstanter Wandtemperatur

Hydrodynamisch ausgebildete Laminarströmung bei thermischem Einlauf

Rohr: Der beheizten Rohrstrecke ist hier zunächst eine hinreichend lange, unbeheizte Rohrstrecke, in der sich das Geschwindigkeitsprofil ausbildet, vorgeschaltet. Das Temperaturprofil bildet sich erst in der beheizten Rohrstrecke aus. Werden konstante Stoffwerte und eine in axialer Richtung vernachlässigbare Wärmeleitung angenommen, spricht man vom Graetz Problem oder Nußelt-Graetz-Problem. Es kann durch Lösung der Energiegleichung mit Hilfe eines Reihenansatzes berechnet werden. Nach Gnielinski [Gni02] gilt für die lokale Nußelt-Zahl $Nu_{x,T}$ an einer Stelle x, vom Anfang der Beheizung in einem Rohr gerechnet:

$$Nu_{x,T} = \left[Nu_{x,T,1}^3 + 0,7^3 + (Nu_{x,T,2} - 0,7)^3\right]^{1/3} \qquad (2.14)$$

$$\text{mit } Nu_{x,T,1} = 1,077(Re\, Pr\, \frac{d}{x})^{1/3} \qquad (2.15)$$

$$\text{und } Nu_{x,T,2} = 3,66. \qquad (2.16)$$

Die Asymptote $Nu_x = 3,66$ ergibt sich für kleine Werte von $Re\,Pr\,\frac{d}{x}$, was einer thermisch und hydrodynamisch ausgebildeten Laminarströmung (lange Rohre) entspricht. Für die mittlere Nußelt-Zahl in einem Rohr der Länge l, gerechnet vom Anfang der Beheizung oder Kühlung an, gilt Gleichung 2.16 mit einer um einen konstanten Faktor veränderten Asymptote, der so genannten Leveque-Lösung [Lev28], für große Werte von $Re\,Pr\,\frac{d}{x}$ (das bedeutet kurze Lauflänge):

$$Nu_{m,T} = 1,615 (Re\,Pr\,\frac{d}{l})^{1/3}. \quad (2.17)$$

Incropera und Dewitt [ID96] bestätigen die Hausen-Korrelation [Hau59]

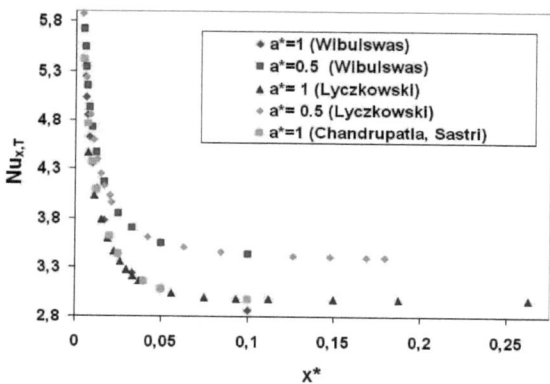

Abbildung 2.1.: Lokale Nußelt-Zahlen für rechteckige Kanäle in Abhängigkeit von der dimensionslosen Kanalposition $x^* = \frac{x}{d_h\,Re\,Pr}$ nach Daten von Wibulswas [Wib66], Lyczkowski [LSG69] und Chandruppatla und Sastri [CS93].

$$Nu_{m,T} = 3,66 + \frac{0,19(Pr\,Re\,\frac{d}{l})^{0,8}}{1 + 0.117(Pr\,Re\,\frac{d}{l})^{0,467}} \quad (2.18)$$

für die thermische sich entwickelnde Laminarströmung in konventionellen Rohren. Nach Baehr und Stephan [BS06] gilt für hinreichend kleine Werte $Re\,Pr\,\frac{d}{x} \leq 20$:

$$Nu_{m,T} = 3,6568 + \frac{0,0499x}{d\,Pr\,Re}. \quad (2.19)$$

Rechteckige Kanäle Wibulswas [Wib66] hat mit Hilfe der Finiten-Differenzen Methode den Wärmeübergang für rechteckige Kanäle mit unterschiedlichem Seitenverhältnis $a^* = \frac{H}{B}$ berechnet. Er vernachlässigte dabei axiale Wärmeleitung und viskose Dissipati-

2.2 Wärmeübergänge in konventionellen Rohren und rechteckigen Kanälen

onseffekte. Lyczkowski [LSG69] benutzte das modifiziertes Finite-Differenzen Verfahren ebenfalls für rechteckige Kanäle mit unterschiedlichem Seitenverhältnis. Chandruppatla und Sastri [CS93] untersuchten ausschließlich quadratische Kanäle mit einer Finiten-Differenzen Methode. Die Ergebnisse der Berechnungen sind in der Abbildung 2.1 dargestellt. Sie unterscheiden sich voneinander um weniger als 2%.

Für nicht kreisförmige Kanäle haben Muzychka und Yovanovich [MY04] ein Modell entwickelt. Ihre Annahme dazu war, beruhend auf der Leveque-Lösung [Lev28], dass die Nußelt-Zahl im thermalen Eintrittsbereich nur schwach von der Form und Geometrie des Kanals abhängt, zudem ist am Anfang der Beheizungsstrecke die thermische Grenzschicht dünn. Deshalb wählen sie im Anfangsbereich den Ansatz für die Grenzschicht der ebenen Platte. Mit diesen Annahme ermittelten sie die folgende lokale Nußelt-Zahl $Nu_{\sqrt{A}}$, die mit den Quadratwurzeln der jeweiligen Kanalquerschnittsfläche A als charakteristische Länge gebildet wurde:

$$Nu_{\sqrt{A}}(x^*_{\sqrt{A}}) = \left[\left\{ 0{,}409 \left(\frac{fRe_{\sqrt{A}}}{x^*_{\sqrt{A}}}\right)^{1/3} \right\}^5 + \left\{ 3{,}24 \left(\frac{fRe_{\sqrt{A}}}{8\sqrt{\pi}(a^*)^\gamma}\right) \right\}^5 \right]^{1/5}. \qquad (2.20)$$

$x^*_{\sqrt{A}} = \frac{x}{\sqrt{A}Re_{\sqrt{A}}Pr}$ ist dabei die dimensionslose Lauflänge und die Reynolds-Zahl $Re_{\sqrt{A}}$ wird mit der Quadratwurzel der Kanalquerschnittsfläche als charakteristische Abmessung gebildet. Der Formparameter γ wird abhängig von der Geometrie gewählt, $\gamma = -0{,}3$ für Kanäle mit Ecken mit Winkeln kleiner 90 und $\gamma = 0{,}1$ für Kanäle mit Ecken mit Winkeln größer oder gleich 90°. f ist dabei der Reibungsbeiwert, für den gilt $f(Pr) = \frac{0{,}564}{\left[1+(1{,}664Pr^{1/6})^{9/2}\right]^{2/9}}$.

Hydrodynamischer und thermischer Einlauf einer Laminarströmung

Am Anfang eines Rohres oder Kanals bildet sich durch Reibung ein Geschwindigkeitsprofil aus. Wird gleichzeitig die Strecke beheizt, bildet sich zusätzlich ein Temperaturprofil aus.

Rohr Es gilt für die lokale Nußelt-Zahl in einem Rohr bei Laminarströmung nach Pohlhausen [Poh21]:

$$Nu_{x,T} = 0{,}332 Pr^{1/3} \left(Re \frac{d}{x}\right)^{1/2} \qquad (2.21)$$

Für wachsende Lauflänge gilt wieder Gleichung 2.16. Da sich die Laminarströmung bei einem langen Rohr entsprechend schnell ausbildet, gilt Gleichung 2.17 weiterhin für die mittlere Nußelt-Zahl. Nur für kurze Rohre $\frac{d}{l} \geq 0{,}1$ ergibt sich durch Integration über die

Rohrlänge l über Gleichung 2.21 folgende mittlere Nußelt-Zahl:

$$Nu_{m,T} = 0,664 Pr^{1/3} (Re\, \frac{d}{l})^{1/2}. \tag{2.22}$$

Incropera und Dewitt [ID96] bestätigen die von Sieder und Tate [ST36] empirisch ermittelte Korrelation

$$Nu_{m,T} = 1,86 (Pr\, Re\, \frac{d}{l})^{1/3} \left(\frac{\eta_f}{\eta_w}\right)^{0,14} \tag{2.23}$$

für die thermische und hydrodynamische Einlaufströmung in konventionellen Rohren. Durch den Korrekturterm in der letzten Klammer wird die Änderung der Viskosität aufgrund der Temperatur für Flüssigkeiten berücksichtigt. Hierbei ist η_f die dynamische Viskosität der Flüssigkeit bei der mittleren Fluidtemperatur und η_w die dynamische Viskosität der Flüssigkeit bei der Wandtemperatur. Von Stephan und Preußer [SP79] wird für die gleiche Geometrie und dasselbe Strömungsregime die Stephan-Korrelation ermittelt:

$$Nu_{m,T} = 3,657 + \frac{0,0677(Pr\, Re\, \frac{d}{l})^{1.33}}{1 + 0.1 Pr(Re\, \frac{d}{l})^{0.3}}. \tag{2.24}$$

Rechteckige Kanäle Wibulswas [Wib66] hat mit Hilfe der Finiten-Differenzen Methode den Wärmeübergang für rechteckige Kanäle mit unterschiedlichem Seitenverhältnis $a^* = \frac{H}{B}$ für Luft als Fluid mit $Pr = 0,72$ berechnet. Er vernachlässigte dabei axiale Wärmeleitung und viskose Dissipationseffekte. Die Ergebnisse der Berechnungen sind in der Abbildung 2.2 dargestellt. Lokale Nußelt-Zahlen $Nu_{m,T}$ liegen für rechteckige Kanäle nicht vor.

Thermisch und hydrodynamisch eingelaufene Laminarströmung

Bei einem quadratischen Kanal liegt die Nußelt-Zahl für eine thermisch und hydrodynamisch eingelaufene Laminarströmung nach Baehr und Stephan [BS06] bei $Nu_T = 2,976$, bei einem rechteckigen Kanal mit einem Seitenverhältnis $a = \frac{H}{B} = 0,5$ bei $Nu_T = 3,391$, und bei einem Kreisrohr bei $Nu_T = 3,657$. Es gibt außer den Untersuchungen zu Rohren und Rechteckkanälen auch Untersuchungen zu diversen anderen Kanalgeometrien. In Abbildung 2.3 werden die Nußelt-Zahlen, die Shah und London [SL78] für unterschiedliche Kanäle ermittelt haben und die Nußelt-Zahlen, die Muzychka und Yovanovich [MY04] als untere und obere Grenze ermittelt haben, dargestellt. Die Nußelt-Zahlen $Nu_{\sqrt{A}}$ wurden dabei mit den Quadratwurzeln der jeweiligen Querschnittsflächen als charakteristische Kanalabmessung gebildet. Es bilden sich dabei zwei Grenzen, einmal eine untere für Kanäle mit Ecken mit Winkeln $\alpha < 90°$, während die obere für Kanäle mit abgerundeten und/oder $90°$ Winkeln besteht. Ein Modell, das für alle Kanäle gilt, wurde dazu von

2.2 Wärmeübergänge in konventionellen Rohren und rechteckigen Kanälen

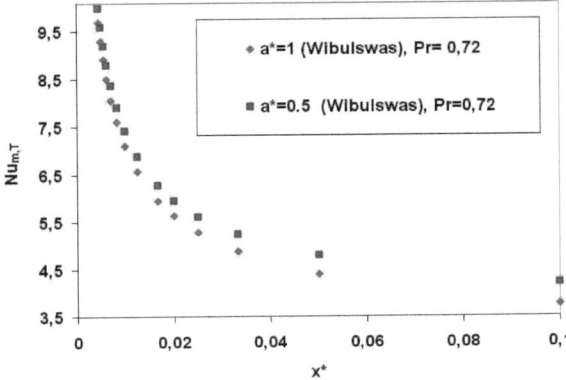

Abbildung 2.2.: Mittlere Nußelt-Zahlen für rechteckige Kanäle in Abhängigkeit von der dimensionslosen Kanalposition $x^* = \frac{x}{d_h}$, Abbildung nach Daten von Wibulswas [Wib66].

Muzychka und Yovanovich entwickelt:

$$Nu_{\sqrt{A}} = 3.24 \left(\frac{f Re_{\sqrt{A}}}{8\sqrt{\pi} a^{*\gamma}} \right). \qquad (2.25)$$

Dabei ist a^* das Seitenverhältnis der Kanalwände $a^* = \frac{H}{B}$, bzw. die mittlere Kanalhöhe dividiert durch die mittlere Kanalweite. f ist der Reibungsbeiwert $f = \frac{\tau}{0.5\rho u^2}$. Miles und Shih [MS67] haben auf numerischem Weg für das Seitenverhältnis $a^* = 1$ die Nußelt-Zahl $Nu_T = 2,976$ und für $a^* = 0.5$ die Nußelt-Zahl $Nu_T = 3,391$ gefunden. Werden bei den gleichen Kanälen nur die Seitenwände beheizt und während kein Wärmestrom durch Boden und Deckel stattfindet, dann ergeben sich für diese beiden Fälle nach Schmidt und Newell [SN67] mit einer Finiten-Differenzen-Methode die Werte $Nu_T = 3,703$ und $Nu_T = 4,619$.

2.2.3. Wärmeübergang bei konstanter Wärmestromdichte

Hydrodynamisch ausgebildete Laminarströmung mit thermischem Einlauf

Rohr Durch eine elektrischer Beheizung kann eine konstante Wärmestromdichte $\dot{q}$ entlang des Kanals generiert werden. Für die lokale Nußelt-Zahl $Nu_{x,q}$ gilt nach Gnielinski

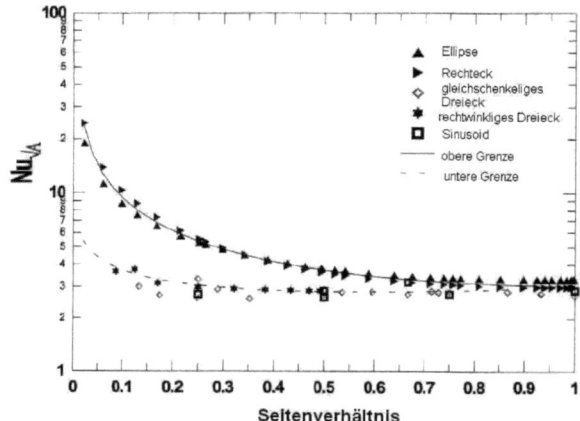

Abbildung 2.3.: Nußelt-Zahlen für unterschiedliche Kanalquerschnitte, Abbildung von Muzychka und Yovanovich [MY04].

[Gni02]:

$$Nu_{x,q} = \left[Nu_{x,q,1}^3 + 1 + (Nu_{x,q,2} - 1)^3\right]^{1/3} \tag{2.26}$$

$$mit \; Nu_{x,q,1} = 1,302(Re \, Pr \, \frac{d}{x})^{1/3} \tag{2.27}$$

$$und \; Nu_{x,q,2} = 4,364, \tag{2.28}$$

so dass sich die Asymptote $Nu_{x,q} = 4,364$ für kleine Werte von $RePr\frac{di}{x}$ ergibt. Für die mittlere Nußelt-Zahl für ein Rohr der Länge l gilt für große Werte von $RePr\frac{di}{x}$ die Asymptote:

$$Nu_{m,q} = 1,953(Re \, Pr \, \frac{d}{l})^{1/3} \tag{2.29}$$

und die Asymptote $Nu_{x,q} = 4,364$ für kleine Werte von $RePr\frac{di}{x}$. Von Stephan und Preußer [SP79] wird für die thermisch sich entwickelnde Laminarströmung die Stephan-Korrelation ermittelt:

$$Nu_{m,q} = 4,364 + \frac{0,086(Pr \, Re \, \frac{d}{l})^{1.33}}{1 + 0.1Pr(Re \, \frac{d}{l})^{0.83}}. \tag{2.30}$$

Rechteckige Kanäle Wibulswas [Wib66] und Chandrupatla und Sastri [CS93] haben, analog zu Abbildung 2.1, den Wärmeübergang auch für rechteckige Kanäle mit konstantem Wärmestrom berechnet. Ihre Ergebnisse sind in Abbildung 2.4 dargestellt. Perkins

2.2 Wärmeübergänge in konventionellen Rohren und rechteckigen Kanälen

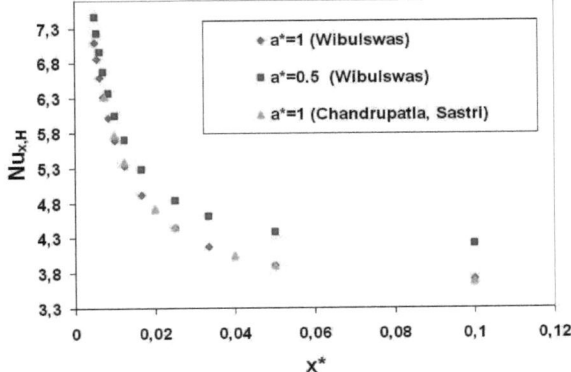

Abbildung 2.4.: Lokale Nußelt-Zahlen $Nu_{x,H}$ für rechteckige Kanäle in Abhängigkeit von der dimensionslosen Kanalposition $x^* = \frac{x}{d_h Re Pr}$.

[PSM97] hat die Nußelt-Zahlen experimentell für quadratische Kanäle ermittelt und durch eine Regressionsanalyse den folgenden Zusammenhang ermittelt:

$$Nu_{x,q} = \frac{1}{0,277 - 0,152 e^{-38,6 x^*}}, \qquad (2.31)$$

wobei x^* die mit dem hydraulischen Durchmesser entdimensionierte Lauflänge darstellt. Für nicht kreisförmige Kanäle haben Muzychka und Yovanovich [MY04], analog Gleichung 2.20, mit denselben Annahmen wie für diese Gleichung, ein Modell für die Nußelt-Zahl entwickelt:

$$Nu_{\sqrt{A}}(x^*) = \left[\left\{ 0,7515 \left(\frac{f Re_{\sqrt{A}}}{x^*} \right)^{1/3} \right\}^5 + \left\{ 3,86 \left(\frac{f Re_{\sqrt{A}}}{8\sqrt{\pi}(a^*)^\gamma} \right) \right\}^5 \right]^{1/5}. \qquad (2.32)$$

f ist dabei der Reibungsbeiwert, für den $f(Pr) = \frac{0,886}{\left[1+(1,909 Pr^{1/6})^{9/2}\right]^{2/9}}$ gilt.

Hydrodynamischer und thermischer Einlauf

Rohr Für die lokale Nußelt-Zahl in einem Rohr der Länge l, vom Anfang der Beheizung oder Kühlung an gerechnet, gilt nach Gnielinski [Gni02],

$$Nu_{x,q,3} = 0,462 Pr^{1/3} (Re \frac{d}{x})^{1/2}. \qquad (2.33)$$

Für den praktischen Gebrauch ist diese Gleichung ausreichend. Spang [Spa96] hat die lokalen Nußelt-Zahlen für den thermischem und hydrodynamischem Einlauf einer Laminarströmung numerisch berechnet. Seine Werte lassen sich mit folgender Gleichung wiedergeben:

$$Nu_{x,q} = \left[Nu_{x,q,1}^3 + 1 + (Nu_{x,q,2} - 1)^3 + Nu_{x,q,3}^3\right]^{1/3} \qquad (2.34)$$

$$mit\ Nu_{x,q,1} = 1,302(Re\,Pr\,\frac{d}{x})^{1/3} \qquad (2.35)$$

$$und\ Nu_{x,q,2} = 4,364. \qquad (2.36)$$

Die Laminarströmung bildet sich so schnell aus, dass die mittlere Nußelt-Zahl über der Rohrlänge l nur bei kurzen Rohren $d/l > 0,1$ von den aus Gleichung 2.29 berechneten Nußelt-Zahlen abweicht.

Rechteckige Kanäle Die Ergebnisse für rechteckige Kanäle, die Wibulswas [Wib66] und Chandrupatla und Sastri [CS93] für unterschiedliche Prandtl-Zahlen numerisch erhalten haben bei einem Seitenverhältnis von $a^* = 0,5$ bzw. bei $a^* = 1$, sind in Abbildung 2.5 dargestellt.

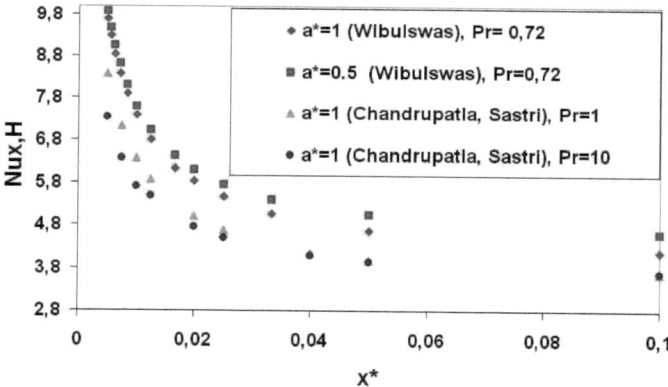

Abbildung 2.5.: Lokale Nußelt-Zahlen $Nu_{x,H}$ für unterschiedliche Prandtl-Zahlen bei quadratischen Kanälen, Abbildung nach Daten von Wibulswas [Wib66] und Chandrupatla und Sastri [CS93] in Abhängigkeit von der dimensionslosen Kanalposition $x^* = \frac{x}{d_h\,Re\,Pr}$.

Thermisch und hydrodynamisch eingelaufene Laminarströmung

Es gibt ebenfalls für unterschiedliche Kanalgeometrien Untersuchungen von Shah und London [SL78] und von Muzychka und Yovanovich [MY04], die in Abbildung 2.6, dar-

2.2 Wärmeübergänge in konventionellen Rohren und rechteckigen Kanälen

gestellt sind. Dabei wurden die Nußelt-Zahlen ebenfalls mit den Quadratwurzeln der jeweiligen Querschnittsflächen als charakteristische Kanalabmessung gebildet. Es bilden sich dabei zwei Grenzen, einmal eine untere für Kanäle mit Ecken mit Winkeln $\alpha < 90°$, während die obere für Kanäle mit abgerundeten und/oder 90° Winkeln besteht. Analog zu Gleichung 2.25 haben Muzychka und Yovanovich [MY04] für den Fall der konstanten Wandwärmestromdichte ein analoges Modell für die Nußelt-Zahl entwickelt, das sich nur in einem Vorfaktor von Gleichung 2.25 unterscheidet:

$$Nu_{\sqrt{A}} = 3,86 \frac{fRe_{\sqrt{A}}}{8\sqrt{\pi}a^{*\gamma}}. \qquad (2.37)$$

Dabei ist $a^* = \frac{H}{B}$ das Seitenverhältnis der Kanalwände, bzw. die mittlere Kanalhöhe dividiert durch die mittlere Kanalweite. f ist der Reibungsbeiwert $f = \frac{\tau}{0.5\rho u^2}$.

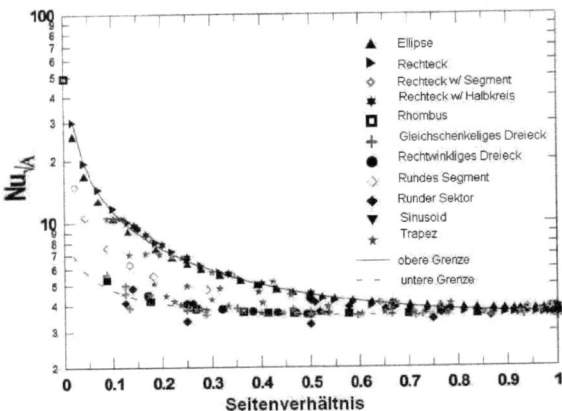

Abbildung 2.6.: Nußelt-Zahlen $Nu_{\sqrt{A}}$ für unterschiedliche Kanäle, Abbildung von Muzychka und Yovanovich [MY04].

Bei den dargestellten Korrelationen für makroskopische Rohre und Rechteckkanäle zeigt sich, dass ausreichende und übereinstimmende Werte für Auslegungen und Berechnungen existieren. Auch sind die Korrelationen unterschiedlicher Autoren zueinander konsistent. Für den Spezialfall thermisch und hydrodynamisch eingelaufener Strömung haben Muzychka und Yovanovich [MY04] ein Modell für unterschiedliche Geometrien entwickelt. Ob die dargestellten Korrelationen und Modelle auch für mikroskopische Kanäle gelten, ist bisher unklar.

2.3. Übersicht experimenteller Ergebnisse in der Literatur zum Wärmeübergang in Mikrokanälen

Im Gegensatz zum Wärmeübergang in makroskopischen Kanälen gibt es in der Literatur nur wenige experimentelle Arbeiten zum Wärmeübergang in Mikrokanälen. Typischerweise werden aus diesen Experimenten ebenfalls integrale Korrelationen für den Wärmeübergang in Form der Nußelt-Zahl $Nu = \alpha d_h/\lambda$ mit einem über die Oberfläche gemittelten Wärmeübergangskoeffizienten α, einem hydraulischen Durchmesser des Kanals d_h und der Wärmeleitfähigkeit des Fluids λ hergeleitet. Die meisten Korrelationen haben dabei typischerweise die Form $Nu \propto Pr^a Re^b$, d.h. eine Abhängigkeit von der Fluid Prandtl-Zahl $Pr = \nu/\lambda$ und der Reynolds-Zahl $Re = \bar{u}d_h/\nu$ für Kanalströmungen ist feststellbar. Allerdings stimmen die in den Mikrokanälen gefundenen Korrelationen in den seltensten Fällen mit denen der konventionellen (makroskopischen) Kanäle überein. In Tabelle 2.2 sind die wichtigsten experimentellen Arbeiten zum Wärmeübergang in Mikrokanälen mit einer Breite und Höhe $B, H < 1,03\,mm$ bei laminarer Strömung seit 1984 bis heute dargestellt. Die aufgeführten Reynolds-Zahlen sind dabei entweder die, bei denen gemessen wurde oder, wenn höhere Reynolds-Zahlen gemessen werden, der Reynoldszahl-Bereich, bei dem die Experimentatoren die Strömung als laminar interpretieren. Es zeigt sich ein diffuses Bild für den Wärmeübergang in Mikrokanälen. Für turbulente Strömungen mit Wärmeübergang zeigt sich ein ähnliches diffuses Bild. Auf eine Diskussion dieser Ergebnisse wird an dieser Stelle verzichtet. Eine Auflistung findet sich bei Sobhan & Garimella [SG00].

Es gibt keine überzeugende Erklärung für die Diskrepanzen zwischen experimentellen, theoretischen und numerischen Ergebnissen. Nicht klar ist, ob tatsächlich neue Effekte entdeckt wurden oder nur Diskrepanzen zwischen angenommenen Randbedingungen in Experiment und Rechnung bestehen. Die Autoren von abweichenden Ergebnissen in Tabelle 2.2 diskutieren diese unterschiedlich oder geben keine Erklärung.
Peng et. al. [PPW94] finden die obere Grenze des laminarer Wärmeübergangs bereits bei einem Reynolds-Zahlbereich von $Re = 200 - 700$. Sie finden bereits voll turbulenten Wärmeübergang bei Reynolds-Zahlen ab $Re = 400$. Diesem Ergebnis steht die Arbeit von Wibel [Wib08] gegenüber, bei dem sich der Transitionsbereich von Mikrokanälen in Abhängigkeit von der Wandbeschaffenheit nicht von dem von makroskopischen Kanälen unterscheidet. Weiter finden Peng et. al., dass die Reynolds-Zahl, bei der Transition erfolgt, sich bei einer Verkleinerung der Kanalgeometrie reduziert und dass das Seitenverhältnis und der hydraulische Durchmesser einen signifikanten Effekt auf die Strömung und den Wärmeübergang haben. Zur Wandbeschaffenheit ihrer Kanäle wurden keine

Angaben gemacht.

Autor	Geometrie in [μm]	Fluid	Reynolds-Zahl	Modus	Nu
Lelea et al. [LNT04]	o $d = 125,4, 300, 500$	Wasser	95 – 774	$\dot{q} = const.$ [3]	$Nu = Nu_{Makr}$ [4] $Nu = Nu_{CFD}$ [6]
Choi et al. [CBW91]	o $d = 3 - 81$	Stickstoff	< 2000	$\dot{q} = const.$	$Nu = 0,00097 Re^{1,17} Pr^{1/3}$ [9]
Peng und Peterson [PP96]	[] $B = 100 - 400$ $H = 200 - 300$	Wasser	200 – 900	$\dot{q} = const.$	$Nu = 0,116 \left(\frac{d_h}{W_c}\right)^{0,81} \left(\frac{H}{B}\right)^{-0,79} Re^{0,62} Pr^{1/3}$
Wu und Little [WL84]	[] $B = 493 - 572$ $H = 89 - 97$	Stickstoff	< 550 750 – 2200	$\dot{q} \neq const.$ [1] $T_w \neq const.$ [1]	$Nu < Nu_{Makr}$ [2] $Nu > Nu_{Makr}$ [2]
Peng, Peterson und Wang [PPW94]	[] $B = 200 - 400$ $H = 100 - 300$	Wasser	< 200 – 700	$\dot{q} = const.$	$Nu = C_{H,1} Re^{0,62} Pr^{1/3}$ [8]
Harms et al. [HKG99]	[] $B = 251$ $H = 1000, 1030$	Wasser	173 – 1500	$\dot{q} = const.$	$Nu = Nu_{Makr}$ [4]
Qu et al. [QML00]	◊ $d_h = 62 - 169$	Wasser	< 1400	$\dot{q} = const.$	$Nu_{Exp} < Nu_{CFD}$ [5]
Qu und Mudawar [QM00]	[] $B = 231$ $H = 713$	Wasser	139 – 1672	$\dot{q} = const.$	$Nu_{Exp} = Nu_{CFD}$ [6]
Rahman und Gui [Rah00]	[] $B = 1000$ $H = 176 - 325$	Wasser	< 2300	$\dot{q} = const.$	$Nu > Nu_{Makr}$ [7]
Lee et al. [LVGL04]	[] $B = 194 - 534$ $H = 884 - 2910$	Wasser	300 – 3500	$\dot{q} = const.$	$Nu_{Exp} = Nu_{CFD}$ [6]
Ravigururajan und Drost [RD99]	[] $B = 1000$ $H = 270$	R124	220 – 1250	$\dot{q} = const.$	$Nu > Nu_{Makr}$ [10]
Celata et. al [CCGZ02]	o $d = 130$	R114	100 – 1000	$T_w = const.$	$Nu < Nu_{Makr}$ [11]

Tabelle 2.2.: Ergebnisse Wärmeübergang für Mikrorohre o, rechteckige Mikrokanäle [] und für trapezförmige Mikrokanäle ◊ für den laminaren Fall; die Fußnoten sind in der nachfolgenden Tabelle 2.3 aufgelistet.

1	Gegenstromprinzip;
2	Vergleich hier mit der empirischen Korrelation, vergleiche Gleichung 2.23, von Sieder und Tate [ST36] für den hydrodynamischen und thermischen Einlauf einer Laminarströmung in einem konventionellen makroskopischen Rohr;
3	hydrodynamischer und thermischer Einlauf;
4	gute Übereinstimmung zu den theoretischen Werten von Shah und London [SL78];
5	die experimentell ermittelten Nußelt-Zahlen sind deutlich kleiner als die, die sich durch eine numerische Analyse des Problems durch den Autor selbst ergeben;
6	die experimentell ermittelten Nußelt-Zahlen stimmen mit denen, die sich durch eine numerische Analyse des Problems durch den Autor selbst ergeben, überein;
7	die experimentell ermittelten Nußelt-Zahlen sind deutlich größer als die Korrelationen, die von Ebadiaan und Dong [ED98] für konventionelle makroskopische Kanäle ermittelt wurden;
8	der Koeffizient $C_{H,t}$ hängt von der Geometrie des Kanals ab;
9	die Nußelt-Zahl für konventionelle makroskopische Kanäle ist $Nu = 4,364$;
10	die experimentell ermittelten Nußelt-Zahlen sind deutlich größer als die Korrelationen, die von Shah und London [SL78] für konventionelle makroskopische Kanäle ermittelt wurden;
11	die experimentell ermittelten Nußelt-Zahlen sind deutlich kleiner als die Korrelation, vergleiche Gleichung 2.19, die von Hausen [Hau59] für konventionelle Rohre ermittelt wurde.

Tabelle 2.3.: Kommentare zu Tabelle 2.2.

Rahman und Gui [Rah00] erklären ihre größere Nußelt-Zahl im Vergleich mit analytischen Ergebnissen mit dem Aufbrechen der Geschwindigkeitsgrenzschicht durch Oberflächenrauigkeiten. Qu et al. [QML00] sehen in der Oberflächenrauigkeit der Kanalwände die Erklärung für die niedrigeren experimentellen Nußelt-Zahlen im Vergleich zu denen, die sie durch numerische Analysen ermitteln. Sie schlagen zur Erklärung ein Rauigkeits-Viskosität Konzept von Mala und Li [ML99] vor. Die Rauigkeit beeinflusst den Impulstransport und damit das Geschwindigkeitsprofil in Wandnähe. Das Modell von Mala und Li [ML99] basiert auf dem Modell von Merkle et al. [MKK74]. Der zusätzliche Impulstransport wird durch Einführung einer zusätzlichen Rauigkeit analog zum Wirbelviskositätskonzept bei turbulenten Strömungen berücksichtigt. Die in Erscheinung tretende Viskosität η_{App} ist so die Fluidviskosität η_f plus die Rauigkeits-Viskosität η_R:

$$\eta_{App} = \eta_R + \eta_f. \tag{2.38}$$

Dabei soll η_R eine Funktion von der Reynolds-Zahl, dem hydraulischen Durchmesser, dem Wandabstand und der Fluidgeschwindigkeit an der Spitze der Rauigkeitselemente sein, wobei der Wert von η_R maximal an der Wand ist und mit wachsendem Wandabstand abnimmt. Durch die zusätzliche Viskosität nimmt der Geschwindigkeitsgradient an der Wand und mit ihm der Temperaturgradient ab, was einen reduzierten konvektiven Wärmetransport zur Folge hat, ebenso wie die kleinere Nußelt-Zahl.
Wu and Little [WL84] hingegen schreiben, dass der Wärmeübergangskoeffizient, mit höherer Rauigkeit ansteigt, aber insbesondere bei niedrigeren Reynolds-Zahlen eine höhere Rauigkeit nicht zu einer Vergrößerung des Wärmeübergangskoeffizienten führt.
Die Daten von Choi et al. [CBW91] zeigen eine Abhängigkeit von der Reynolds-Zahl $Nu \propto Re^{1.17}$ trotz einer nach den Autoren thermisch und hydrodynamisch eingelaufenen Strömung anstelle eines erwarteten konstanten Wertes.
Als generell möglicher Effekt für Diskrepanzen wird viskose Dissipation als Ursache von einigen Autoren diskutiert. Tso und Mahulikar [TM00] untersuchen den Effekt der Brinkmann-Zahl $Br = \frac{\nu u_m^2}{\lambda \Delta T}$, die dass Verhältnis der Wärmeproduktion aufgrund innerer Reibung zu der Wärme, die aufgrund des Wärmeübergangs in das Fluid übergeht, auf die Nußelt-Zahl. Allerdings werden bei ihren Daten gleichzeitig die Reynolds-Zahl und die Prandtl-Zahl variiert, so dass hier schwerlich zwischen den Effekten der Reynolds-Zahl und der Prandtl-Zahl und der Brinkman-Zahl auf die Nußelt-Zahl unterschieden werden kann. Experimente und numerische Analysen werden hierzu auch von Tiselj et al. [THM+04] und Hetsroni et. al. [HMPY05] durchgeführt, wobei sich zeigt, dass beim Wärmeübergang in Mikrokanälen Dissipationseffekte vernachlässigt werden können. Zudem

2.3 Übersicht experimenteller Ergebnisse in der Literatur zum Wärmeübergang in Mikrokanälen

errechnen Hetsroni et al. [HMPY05] für Mikrorohre erst eine Veränderung der Nußelt-Zahl um mindestens 1% ab einer Brinkman-Zahl von $Br > 5 \cdot 10^{-3}$. Bei den zuvor genannten Untersuchungen ist die Brinkman-Zahl wesentlich kleiner. Auch bei der vorliegenden Arbeit kommt die Brinkman-Zahl maximal in den Bereich dieses Grenzwertes.

Da Mikrokanäle ein großes Oberflächen-/Volumenverhältnis haben, werden zuweilen Grenzflächeneffekte, wie die Effekte durch elektrostatische Oberflächenladungen auch als Ursache für die Diskrepanzen in Betracht gezogen. Sobald das Fluid Ionen enthält, ziehen elektrostatische Ladungen im Wandmaterial die gegensinnig geladenen Ionen in der Flüssigkeit an, die dort lokal einen Ladungsüberschuss generieren. In der Stern Schicht sind diese gegensinnigen Ladungen immobil. Mala et al. [HMPY97] untersuchen diese Effekte. Sie finden heraus, dass die elektrische Doppelschicht und das sich daraus ergebende Strömungspotenzial bei einer erzwungenen Strömung die Ionen und damit die Flüssigkeit in Wandnähe in die entgegengesetzte Richtung zur Strömungsrichtung treibt, bzw. ihre Bewegung einschränkt. Daraus resultieren eine augenscheinlich höhere Viskosität und daraus eine langsamere Geschwindigkeit, als sich nach konventionellen Theorien ergeben hätte. Außerdem konnte die Forschergruppe durch die elektrische Doppelschicht einen niedrigeren Wärmeübergang feststellen. Allerdings ist diese elektrische Doppelschicht in der Größenordnung von einigen wenigen Nanometern bis maximal ein paar hundert Nanometern, abhängig u.a. von der Ionenkonzentration der Flüssigkeit, dem elektrischen Potenzial der Festkörperoberfläche, und ihre Effekte sind vernachlässigbar, wenn ihre Dicke im Vergleich zum hydraulischen Kanaldurchmesser vernachlässigbar ist. Da bei der vorliegenden Arbeit und bei den zitierten Arbeiten in Tabelle 2.2 wesentlich größere hydraulische Durchmesser behandelt werden, können diese Effekte vernachlässigt werden.

Dass bei den diskutierten Fällen trotz kleiner Abmessungen von der Anwendbarkeit der Kontinuumstheorie ausgegangen werden kann, zeigt die Knudsen-Zahl Kn. Die Knudsen-Zahl $Kn = \frac{\Lambda}{l}$ ist eine dimensionslose Kennzahl für Gasströmungen im Mikrobereich. Sie ist definiert als das Verhältnis der freien Weglänge Λ zu einer charakteristischen geometrischen Länge l bzw. der Länge, über die sehr große Variationen makroskopischer Größen stattfinden. Eine entsprechende Modellierung der Transportprozesse hängt von der Größe der Knudsen-Zahl ab. Ab einer Knudsen-Zahl von $Kn \geq 10$ handelt es sich nach Schaaf und Chambre [SC61] um eine freie molekulare Strömung, Transportprozesse müssen mit Hilfe der Gesetze der statistischen Mechanik (Boltzmanngleichung) modelliert werden. Nach Gad-el Hak [Hak99] gilt die Kontinuumsannahme erst uneingeschränkt ab $Kn \leq 10^{-3}$. Bei den kleinsten hier betrachteten Kanälen mit einem Durchmesser von

$d_h = 3\,\mu m$ (siehe in Tabelle 2.3 aufgeführte Ergebnisse von Choi [CBW91])und Helium mit einer mittleren freien Weglänge von $\Lambda = 0,17\,\mu m$ bei Standardbedingungen ($298K$, $1atm$) ergibt sich eine Knudsen-Zahl von $Kn = 0,057$. Bei dieser Strömung kann bereits mit den Navier-Stokes-Gleichungen gerechnet werden, der Einfluss zwischenmolekularer Kräfte muss aber mit Hilfe einer Rutschbedingung berücksichtigt werden. Bei Flüssigkeiten ist der mittlere Abstand der Moleküle eine Größenordnung kleiner als bei Gasen, nach Hapke [Hap04] liegt er bei $\Lambda = 0,1 - 1\,nm$. Bei einem hydraulischen Kanaldurchmesser von $200\,\mu m$ (entspricht der vorliegenden Arbeit) ergibt sich eine Knudsen-Zahlen von $Kn = 5 \cdot 10^{-4} - 10^{-5}$, das entspricht auch in etwa den meisten Fällen in Tabelle 2.3, so dass diese mit den Navier-Stokes-Gleichungen mit Haftbedingung gelöst werden können.

Die Ein- und Austrittseffekte scheinen hinsichtlich der Diskrepanzen eine Rolle zu spielen. So wird in dieser Arbeit auch gezeigt, dass bereits eine Vorerwärmung des Fluids im Zulauf vor dem eigentlichen Mikrokanal und eine Abkühlung im Auslaufbereich stattfindet, was bei der bisher üblichen integralen Temperaturmessung in den Ein- und Auslaufsplenen nicht entsprechend berücksichtigt werden konnte. Auch sind die konventionellen Korrelationen, mit denen die Ergebnisse aus Mikrokanälen verglichen werden, nicht ganz dem Problem angepasst. So vergleichen Wu und Little [WL84] ihre Ergebnisse aus rechteckigen Mikrokanälen mit nichtkonstantem Wandwärmestrom mit der empirischen Korrelation von Sieder und Tate [ST36] für den hydrodynamischen und thermischen Einlauf einer Laminarströmung in einem Rohr bei konstantem Wandwärmestrom. So werden auch bei den numerischen Rechnungen Vereinfachungen hinsichtlich der Randbedingungen getroffen, die nicht den realen Bedingungen entsprechen, wie z.B. eingelaufenes oder konstantes Geschwindigkeitsprofil am Kanalanfang, konstantes Temperaturprofil am Einlauf, konstante Wandtemperatur oder konstanter Wandwärmestrom, Vernachlässigung von Verlusten an die Umgebung. Bei Peng und Peterson [PP96] erscheint die Reynolds-Zahl fraglich, weil mehrere Kanäle gleichzeitig durchströmt wurden und Untersuchungen zeigen, dass bei mehreren parallel geschalteten Kanälen sich der Massenstrom um bis zu 20%, vergleiche Hetsroni et al. [HMPY97], unterscheiden kann. Alle dargestellten Ergebnisse und Erklärungen sind bisher weder widerlegt noch bestätigt worden. Sie sind aber alle kritisch zu bewerten, da bei allen die Temperatur nur integral in den Ein- und Auslaufsplenen erfasst wurde und Ein- und Auslaufseffekte nicht berücksichtigt wurden. Ein ortsauflösendes Messverfahren zur Temperaturfeldmessung könnte hier helfen die Unterschiede zwischen den dargestellten Korrelationen zu klären. Zusammenfassend lässt sich sagen, dass die experimentellen Daten in der Literatur keine solide Grundlage für die Auslegung von Mikrowärmeübertragern bieten können.

3. Temperaturmessverfahren für Mikrokanäle

In diesem Kapitel wird eine Übersicht über bestehende Temperaturmessverfahren und eine Bewertung hinsichtlich ihrer Anwendbarkeit in Mikrokanälen gegeben. Die meisten konventionellen Methoden zur Temperaturmessung scheiden aufgrund einer Limitierung bei der Miniaturisierung ihrer Sensoren oder wegen der begrenzten Zugänglichkeit der Kanäle aus.

3.1. Thermografie

Temperaturstrahlung wird von jedem Körper oberhalb des absoluten Nullpunktes ausgesandt. Das Spektrum der Temperaturstrahlung reicht vom mittleren Infrarot bis in den sichtbaren Bereich. Für die Thermografie wird der von Bereich $0,7$ bis $20\,\mu m$ genutzt. Grundsätzlich gilt, dass sich die Strahlungsintensität mit steigender Temperatur erhöht und sich die spektrale Verteilung zum kürzerwelligen Bereich verschiebt. Die wichtigsten Gesetze, die diese Zusammenhänge beschreiben, werden nachfolgend dargestellt. Das Kirchhoff-Gesetz besagt, dass bei einem Körper im thermischen Gleichgewicht die Gesamtabsorption a gleich der Gesamtemission e ist. Das Stefan-Boltzmann-Gesetz besagt, je größer die Temperatur T eines Objekts ist, umso höher ist die emittierte Infrarot-Strahlung:

$$M = \sigma_s T^4 \,. \tag{3.1}$$

Die Temperatur T wird in der Einheit $[K]$, auch für die folgenden Gesetze, angegeben. M ist die spezifische Ausstrahlung, angegeben in $[Wm^{-2}]$, und σ_s die Stefan-Bolzmann Konstante. Das Wien'sches Verschiebungsgesetz besagt, dass die Wellenlänge λ_{max}, angegeben in μm, bei der das Maximum der Energiestrahlung liegt, sich mit zunehmender Temperatur zum kurzwelligen Bereich verschiebt:

$$\lambda_{max} = 2,89 \cdot 10^3 \cdot T^{-1} \,. \tag{3.2}$$

Ferner ist noch die Planck'sche Gleichung wichtig. Sie beschreibt den Zusammenhang zwischen Wellenlänge λ_l, Temperatur T und Strahlungsdichte L_λ :

$$L_\lambda = \frac{c_1}{\phi \lambda_l^5 ((e^{c_2/\lambda_l T}) - 1)}. \qquad (3.3)$$

c_1 und c_2 sind die Plankschen Strahlungskonstanten. Die Strahlungsdichte hängt damit eindeutig von der Temperatur ab und kann so zur Messung der Temperatur eingesetzt werden. Wichtig ist dabei die Berücksichtigung der Emissionseigenschaften des Messobjektes, z.B. durch Kalibrierung, Umgebungstemperaturkompensation, selektives Filtern des Infrarotlichts sowie Linearisierung und Verstärkung des Signals. Die Infrarotthermografie als nichtinvasive lokale Temperaturmessmethode ist von Narayanan und Patil [NP05] bei Mikrokanalströmungen mit Wärmeübergang eingesetzt worden, um die Fluidtemperatur direkt an der Wand eines Siliziumkanals, der transparent für den Infrarotbereich ist, mit einer Genauigkeit von $\pm 1,33°C$ zu messen. Das Problem bei diesem Verfahren ist, dass es gleichzeitig eine hohe Emissivität des Fluids und eine hohe Transparenz des Substrates voraussetzt. Zudem muss der Einfluss der Hintergrundstrahlung reduziert werden. Denkbar ist auch mit der Thermografie direkt die Temperatur infrarotundurchlässiger Kanalwände mittels Thermografie zu detektieren. In diesem Fall liegt das Problem in der optischen Zugänglichkeit zur Kanalwand.

3.2. Temperaturmessung mit Thermoelementen und Widerstandsthermometern

Das physikalische Prinzip bei der Temperaturmessung mit Thermoelementen beruht auf dem Seebeck- oder Thermoelektrischen Effekt. Dieser Effekt bezeichnet das Auftreten einer Spannung zwischen zwei Stellen eines Leiters aufgrund unterschiedlicher Temperatur. Werden zwei unterschiedliche Materialien miteinander zu einem Stromkreis verschaltet und werden die Kontaktstellen auf unterschiedliche Temperatur gebracht, kann die Thermospannung abgegriffen werden.

Bei einem elektrischen Leiter verhält sich das Fermi-Niveau etwa proportional zur Temperatur, wobei die jeweiligen Niveaus materialabhängig sind. Die Differenz der Fermi-Niveaus an zwei unterschiedlichen Positionen A und B von zwei unterschiedlichen Materialien 1 und 2 mit gleicher Temperatur T_V, kann als äußere Spannung U_{1VA2VB} mit dem Voltmeter gemessen werden. An dem Punkt mit der zu messenden Temperatur T_M werden zwei unterschiedliche Metalle in Berührung gebracht. Dadurch ergibt sich an dieser Stelle für beide Materialien das gleiche Fermi-Niveau. Es entsteht ein Elektronen-

3.2 Temperaturmessung mit Thermoelementen und Widerstandsthermometern

diffusionsstrom vom Metall mit dem höheren thermoelektrischen Potenzial in das andere Metall, dadurch wird letzteres negativ und ersteres positiv geladen. Das führt entlang der beiden Leiter zu einem elektrischen Feld, das einen Elektronenstrom (Driftstrom) in die entgegengesetzte Richtung treibt. Im Gleichgewicht heben sich die beiden Ströme auf. An der Vergleichstelle mit der bekannten Temperatur T_V bildet sich eine Kontaktspannung aus, die gemessen werden kann. Es gilt:

$$U_{1VA2VB} = U_{1,VM} + U_{2,MV} = K_1(\theta_m - \theta_v) + K_2(\theta_v - \theta_m) = (K_1 - K_2)(\theta_m - \theta_v) = K(\theta_m - \theta_v). \tag{3.4}$$

K_1 und K_2 sind die Seebeck-Koeffizienten der unterschiedlichen Metalle, wobei $K = K_1 - K_2$ schwach temperaturabhängig ist. Dies wird rechnerisch durch ein Polynom approximiert. Die Koeffizienten der einzelnen Materialien werden relativ zu Platin ermittelt, wobei die Materialien anhand dieser so genannten k-Werte in eine thermoelektrische Spannungsreihe einsortiert werden können. Dieser k-Wert gestattet es, den relativen Seebeck-Koeffizienten (differentielle Thermospannung) der Metallpaarung eines Thermoelementes zu errechnen:

$$k_{1,2} = k_{1,Pt} - k_{2,Pt}. \tag{3.5}$$

Durch geeignete Materialpaarungen soll erreicht werden, dass die differentielle Thermospannung möglichst hohe Werte annimmt und in einem großen Temperaturbereich konstant ist (Linearität). Außerdem soll das Material korrosionsbeständig sein und eine niedrige Wärmeleitfähigkeit aufweisen. Da die Spannungen im Bereich μV bis mV liegen, müssen sie entsprechend verstärkt werden. Anhand der Differenz zur Vergleichsstellentemperatur kann mit Hilfe der Gleichung des Thermoelements oder mit Hilfe einer Kalibrierung im entsprechenden Temperaturbereich die Temperatur an der Messstelle auf $< 0,1°C$ genau bestimmt werden. Zur Messung der Temperatur eines Fluids im Mikrokanal können Thermoelemente aufgrund einer fertigungsbedingten Limitierung der Miniaturisierung der Sensordurchmesser auf $d_{Mf} > 50\,\mu m$ nicht eingesetzt werden. Aufgrund der verhältnismäßig großen Abmessung im Vergleich zum Kanaldurchmesser wären Kanalobstruktion oder starke Strömungsbeeinflussung die Folge. Bei einem Einsatz von Messfühlern in Mikroströmungen muss auch die Störung der zu messenden Größe durch den Wärmestrom durch den Messfühler beachtet werden. Nach Ehrhard [Ehr08] kann der Fehler F definiert werden als Verhältnis des konduktiven Wärmestroms $\dot{q}_{MF}$ durch den Messfühler zu dem konvektiven Wärmestrom $\dot{q}_S$, der durch die Strömung transportiert wird:

$$F = \frac{\dot{q}_{MF}}{\dot{q}_S} \approx \frac{\frac{(\bar{T}-T_\infty)}{l_{Mf}}\lambda_{Mf} A_{MF}}{\rho c_P u_M A_q (\bar{T} - T_\infty)}. \tag{3.6}$$

A_{MF} ist die Querschnittsfläche des Messfühlers, A_q die Kanalquerschnittsfläche, $\bar{T}$ ist die mittlere im Kanal auftretende Temperatur, T_∞ ist die Umgebungstemperatur, l_{Mf} ist die Länge des Messfühlers, ρc_P die Wärmekapazität des Fluids bei konstantem Druck, u_M ist die mittlere Geschwindigkeit in Richtung Kanalachse im Kanal. Der Fehler kann durch Wahl kleiner Werte für die Wärmeleitfähigkeit λ_{MF} und den Sensordurchmesser d_{MF} verringert werden. Beim Einsatz von Thermoelementen zur Messung der Wandtemperatur in Mikrokanälen ist ihre Positionierung nur mit einem gewissen Abstand von der Wand-Flüssigkeits-Grenze realisierbar, wie bei Peng [PP94] und Tso [TM99] beschrieben. Der Einsatz ist zudem auf wenige lokale Punkte der Kanalwand begrenzt. Bei der Interpretation der Werte hinsichtlich des lokalen Wärmeübergangs besteht die Gefahr der Fehlinterpretation aufgrund der lateralen (axialen) Wärmeleitung durch die Kanalwände (insbesondere bei hoher Wärmeleitfähigkeit wie z.B bei Kanalwänden aus Metall).

3.3. Temperaturmessung mit Hilfe thermochromer Flüssigkristalle

Mittlerweile werden Flüssigkristalle zur quantitativen Temperaturfeldbestimmung von Akino [AKUK88], Dabiri [DG91] oder Fujisawa [FAK97] eingesetzt. Thermochrome Flüssigkristalle reflektieren wellenlängenselektiv. Diese Eigenschaft ändert sich in Abhängigkeit von der Temperatur. Um diese Abhängigkeiten zur Messung oder Sichtbarmachung einsetzen zu können, müssen die anderen Einflussgrößen ausgeschaltet werden. Z.B. müssen für den Einsatz zur Temperaturmessung die Einflüsse der Schubspannung in strömenden Medien abgeschirmt werden. Hierbei hat sich die Verkapselung mit Gelatine oder Gummi-Arabicum bewährt. Diese Kapseln haben je nach Produktionsprozess einen Durchmesser zwischen 10 und $50\,\mu m$, was ihre Einsetzbarkeit in Mikrokanälen massiv einschränkt. Aufgrund begrenzter Kristallfarbcharakteristiken erstreckt sich der auswertbare Temperaturbereich nur über etwa $10\,°C$. Die Messgenauigkeit des Verfahrens ist zudem gering.

3.4. Temperaturgradientenbestimmung durch Strahlablenkung

Die Methode der Strahlablenkung durch Gradienten des Brechungsindexes ist bei einem makroskopischen Wärmeübergangsproblem erfolgreich von Geschwendtner [Ges00] angewendet worden. Hier kann sie nicht eingesetzt werden, da der Mikrokanal mit einer Glas- oder Plexiglasplatte abgeschlossen ist und so zugleich optisch zugänglich bleibt. In dieser

Platte bilden sich Temperaturgradienten in gleicher Größenordnung wie im Kanal aus. Die Platte (n=1,5) hat jedoch einen größeren Brechungsindex als das Fluid (n=1,3). Der Messlichtstrahl legt, um in den Kanal zu gelangen, einen weit größeren optischen Weg durch die Platte zurück als im Kanal. Als Konsequenz besitzt er weit mehr Information über die optischen Veränderungen in der Platte als im Fluid. Ein ähnliches Problem tritt bei interferometrischen Verfahren auf.

3.5. Induzierte Fluoreszenz von Farbstofflösungen als Messverfahren

3.5.1. Funktionsprinzip der induzierten Fluoreszenz

Die Fluoreszenzausbeute von Farbstoffen hängt von einer Vielzahl von Einflussfaktoren ab. Neben der Farbstoffkonzentration haben auch der pH-Wert sowie das umgebende Lösungsmedium einen Einfluss auf die Fluoreszenzausbeute. Bei einigen Fluoreszenzfarbstoffen hängt die Fluoreszenzintensität zusätzlich von der Temperatur ab. Werden die anderen Einflussgrößen konstant gehalten, besitzt die Fluoreszenzintensität einen ein-

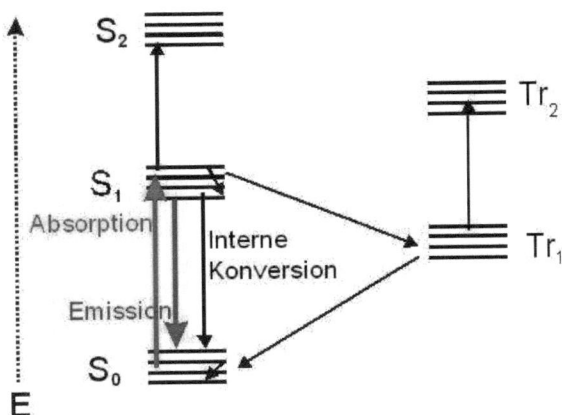

Abbildung 3.1.: Elektronische Energiezustände eines typischen Fluoreszenzfarbstoffmoleküls.

deutigen Zusammenhang mit der Temperatur und kann als Maß für die Temperatur verwendet werden. In Abbildung 3.1 sind die elektronischen Energiezustände eines typischen Fluoreszenzfarbstoffmoleküls dargestellt. Jedes elektronische Niveau ist an die Schwingungs- und Rotationsniveaus des Moleküls gekoppelt. Die elektronischen Energiezustände werden in Singulett- und Triplettzustände eingeteilt (Gesamtspin $S = 0$ bzw. 1). Anregung durch Photonen kann bei Fluoreszenzfarbstoffmolekülen eine Elektronenanregung bewirken und damit eine Erhöhung der potenziellen Energie des Moleküls vom Grundzustand (S_0) in den ersten angeregten Zustand, den Singulettzustand (S_1). Dabei muss die Resonanzbedingung erfüllt sein, das heißt die absorbierte Energie entspricht genau der Energiedifferenz zwischen Grund- und angeregtem Zustand des absorbierten Photons. Innerhalb der einzelnen energetischen Zustände kommt es zu einem verstärkten Übergang in niedrigere Energieniveaus (Relaxation). Der Energieverlust wird in thermische Energie umgewandelt.

Fluoreszenz: Der Übergang vom ersten angeregten Zustand in den Grundzustand S_0 kann unter Emission von Licht, der induzierten Emission oder Fluoreszenz, stattfinden. Das emittierte Licht ist in der Regel höchstens so kurzwellig wie das absorbierte (Stokessche Regel).

Der Übergang vom ersten angeregten Zustand in den Grundzustand S_0 ohne Emission von Licht, die interne Konversion, ist auch möglich, ebenso Übergänge in andere energetische Zustände als in den Grundzustand. Alle diese Übergänge stehen in Konkurrenz zur Fluoreszenz. Der wichtigste Konkurrenzprozess zur Fluoreszenz ist beispielsweise nach Arbeola et al. [AEA+91] bei Rhodamin B die interne Konversion, der strahlungslose Übergang zurück in den Grundzustand S_0. Die interne Konversion ist temperaturabhängig. Nach Drexhage [Dre77] ist die Mobilität der Aminogruppen im Farbmolekül hierfür die Ursache. Diese Gruppen werden durch die thermische Energie des Lösungsmittels vermehrt rotiert. Existieren solche Gruppen nicht wie in Rhodamin 110 oder sind sie fixiert wie in Rhodamin 101, dann ist die Temperaturabhängigkeit gering bis vernachlässigbar. Höhere Temperaturen führen über diesen Mechanismus zu verstärkter interner Konversion und damit zur Verminderung der Fluoreszenz.

Zu langes und zu starkes Anregungslicht führt durch Anwachsen der Population nicht fluoreszierender Moleküle ebenfalls zur Verminderung der Fluoreszenzintensität (Photobleaching). Nach Jones [Jon90] kann dies mit dem Zwei-Photonen Anregungsprozess erklärt werden. Hoher Lichtstrom verursacht nach dem Übergang zu einem höheren Zustand einen weiteren Übergang zu einem noch höheren Zustand S_n. Moleküle in diesem Zustand müssen als reaktive Zwischenprodukte angesehen werden. Bei bestimmten Fluoreszenzfarbstoffen sind auch Übergänge von Singulett- zu Triplettzuständen möglich. Diese Übergänge vermindern die Lichtemission, da sie ebenfalls zu einer verminderten Besetzung des S_1-Zustandes führen. Farben, die aufgrund ihrer Molekülstruktur zu Übergängen

3.5 Induzierte Fluoreszenz von Farbstofflösungen als Messverfahren

in die Triplettzustände neigen, sind daher als Fluoreszenzfarbstoffe wenig effizient. Nach Arbeola [AEA+91] hat auch das Lösungsmittel des Farbstoffes einen Einfluss sowohl auf die Höhe der Energieniveaus und damit auf das Absorptions- bzw. Emissionsmaximum des Farbstoffes als auch auf die Wahrscheinlichkeit der internen Konversion. So führt ein polareres Lösungsmittel zu einer höheren Rate an strahlungslosen Übergängen durch interne Konversion. Die Fluoreszenzintensität ist deshalb in Ethanol höher als in Wasser. Der Zusammenhang zwischen der Fluoreszenzintensität I_F und der Intensität I_0 des anregenden Lichtes ist nach Walker [Wal85] und Rost [Ros95] durch folgende Beziehung gegeben:

$$I_F = I_0 \, c \, \phi \, \epsilon \tag{3.7}$$

mit der Farbstoffkonzentration c im Lösungsmittel, dem Absorptionskoeffizienten ϵ und der Quanteneffizienz ϕ. Die Quanteneffizienz gibt das Verhältnis von absorbierter zu emittierter Photonenenergie an. Neben der Temperatur, der Stärke und der Dauer der Bestrahlung, welche die Fluoreszenzintensität von Farbstoffen verändern, sind der pH-Wert des Lösungsmittels, die Polarität des Lösungsmittels, die Farbstoffkonzentration und die Wellenlänge des anregenden Lichtes weitere wichtige Faktoren. Die Quanteneffizienz ϕ wird dabei meist in weit größerem Maße beeinflusst als der Absorptionskoeffizient.

3.5.2. Auswahl und Prüfung des Fluoreszenzfarbstoffs

Um mit einem Fluoreszenzfarbstoff über die Fluoreszenzintensität die Temperaturfelder in Mikrowärmeübertragerkanälen messen zu können, sollte der Farbstoff die nachfolgenden Bedingungen erfüllen.

- Als Lösungsmittel und Testfluid soll entgastes, gefiltertes und vollsalztes (VE) Wasser verwendet werden können, da seine Materialeigenschaften ausreichend charakterisiert sind. Der Farbstoff sollte gut wasserlöslich sein und nicht agglomerieren.

- Seine photochemische Stabilität sollte auch bei hohen Anregungsintensitäten gewährleistet sein.

- Die Fluoreszenzintensität und damit die Quanteneffizienz sowie die Temperatursensitivität des Farbstoffes $\frac{dI_F}{dT}$ sollten möglichst hoch sein.

Die Anforderungen an den Farbstoff sind mit absteigender Priorität aufgeführt. Entgastes, vollsalztes (VE) Wasser hat nach Bendlin [Ben88] einen pH-Wert von 7. In diesem Bereich sollte der Farbstoff daher gut fluoreszieren. Es ist von Vorteil, wenn der Stoff möglichst unempfindlich gegen andere Faktoren wie z.B. Druck, pH-Wert, Leitfähigkeit ist. Ansonsten können diese Faktoren in der Versuchsanlage konstant gehalten werden. Eine begrenzte Einflussmöglichkeit dieser Faktoren aufgrund von einer entsprechenden Unempfindlichkeit des Farbstoffes ist hinsichtlich möglicher Fehler, beim Versuch diese Faktoren konstant zu halten, vorzuziehen.

Kommerziell verfügbare Laserfarbstoffe können nach ihrem chemischen Aufbau, z.B. anhand der Anzahl ihrer Benzolringe bzw. dem Vorhandensein von Fremdatomen eingeteilt werden. Funktionelle Gruppen wie Aminogruppen, Carboxylgruppen, Carbonylgruppen etc. sind für bestimmte chemische Eigenschaften verantwortlich. Eine Einteilung nach Anzahl der Benzolringe ist:

- Ein Ring, Heteroaromat: LDS 698 oder Pyridin 1 haben eine geringe Wasserlöslichkeit und eine geringe Quanteneffizienz.

- Zwei Benzolringe: Coumarinfarbstoffe sind wenig wasserlöslich.

- Drei Benzolringe: Xanthenfarbstoffe, z.B. Rhodamin B, Rhodamin 110, Fluorescein, Rhodamin 6 G, Sulforhodamin B und Sulforhodamin 101 sind gut wasserlöslich. Allerdings neigen Xanthenfarbstoffe dazu insbesondere in Wasser Dimere und höhere Oligomere zu bilden, was zu einer Veränderung der Fluoreszenzintensität führt.

- Vier Benzolringe: HPTS (8-Hydroxypyren-1,3,6-trisulfonsäure oder Pyranin) hat aufgrund von hydrophilen Sulfonsäurereste eine gute Wasserlöslichkeit.

Von den wasserlöslichen Fluoreszenzfarben(Coumarinfarbstoffe und HTPS) werden diejenigen der weiteren Betrachtung unterzogen, die unter bestimmten Versuchsbedingungen eine Temperatursensitivität von mindestens $\frac{dI_F/I_F}{dT} \geq 1\%\,°C^{-1}$ erreichen können. Diese und weiter folgende Intensitätsnormierungen werden mit dem Intensitätswert, der bei $20°C$ ermittelt wird, durchgeführt.

Fluorescein hat eine hohe Quanteneffizienz und damit hohe Fluoreszenzintensität. Es hat nach Coppeta und Rogers [CR98] eine gute Temperaturempfindlichkeit mit $\frac{dI_F/I_F}{dT} = 2,43\%\,°C^{-1}$. Der Nachteil von Fluorescein ist, dass seine Fluoreszenzintensität wesentlich stärker vom pH-Wert als von der Temperatur abhängt [CR98]. Zudem fällt die Fluoreszenzintensität unterhalb eines pH-Wertes von 7 aufgrund einer Verminderung der Absorption stark ab. Nach Beer, Weber [BW72] und Saylor [Say95] kommt es unter Belichtung zu einem starken Photobleaching.

Sulforhodamin B (Kiton Red) hat eine gute Temperaturempfindlichkeit mit $\frac{dI_F/I_F}{dT} = -1,55\%\,°C^{-1}$ nach Coppeta und Rogers [CR98]. Die Fluoreszenzintensität hängt nicht vom pH-Wert ab.

HPTS (8-Hydroxypyren-1,3,6-trisulfonsäure, Pyranin) ist ein pH-Indikator, der

3.5 Induzierte Fluoreszenz von Farbstofflösungen als Messverfahren

bei niedrigen pH-Werten praktisch farblos ist. Steigt der pH-Wert in den Bereich zwischen 6 und 9, so ändert sich seine Farbe zu einem fluoreszierenden Gelb-Grün. Coppeta und Rogers [CR98] haben zehn Versuchsreihen zur Messung der Temperaturabhängigkeit der Fluoreszenzintensität von HPTS durchgeführt. Dabei wurde im Mittel eine gute Temperaturempfindlichkeit mit $\frac{dI_F/I_F}{dT} = -1,21\%\,°C^{-1}$ festgestellt, aber auch eine starke Schwankung von bis zu 10% der Einzelwerte des Emissionsspektrums und damit der Fluoreszenzintensität. Die Gründe für die starken Schwankungen sind derzeit noch Gegenstand der Forschung.

DHPN (1,4-Dihydroxyphthalonitril) hat eine gute Temperaturempfindlichkeit von $\frac{dI_F/I_F}{dT} = -1,1\%\,°C^{-1}$ nach Coppeta und Rogers [CR98]. Es hat den Nachteil, dass es im Absorptionsspektrum nur zwei schmale Peaks im Bereich von $\lambda_l = 402\,nm$ und $\lambda = 483\,nm$ für eine basische Lösung und $\lambda = 366\,nm$ und $\lambda = 453\,nm$ für eine saure Lösung hat. Aufgrund dieser Abhängigkeit des Absorptionsspektrums vom pH-Wert verschiebt sich das Emissionsspektrum beim Anwachsen des pH-Wertes hin zu kürzeren Wellenlängen.

Rhodamin B hat eine gute Temperaturempfindlichkeit mit $\frac{dI_F/I_F}{dT} = -1,54\%\,°C^{-1}$ bei einer Anregung mit der Wellenlänge $\lambda = 514$, vergleiche Coppeta und Rogers [CR98]. Hishida und Sakakibara [HS00] haben bei einer Anregung mit Licht der Wellenlänge $\lambda = 488$ eine Temperaturempfindlichkeit von $\frac{dI_F/I_F}{dT} = -2,3\%\,°C^{-1}$ gemessen. Für den Extinktionskoeffizient haben Arbeola et al. [AEA+91] eine geringe Temperaturabhängigkeit von $0,053\%°C^{-1}$ gemessen, die vernachlässigt werden kann. Die Temperaturabhängigkeit wird daher bei Rhodamin B hauptsächlich der Quanteneffizienz zugeschrieben, d.h. $\frac{\partial I_F}{\partial T} \propto \frac{\partial \phi}{\partial T}$. Es ist außerdem lichtbeständig und bei pH-Werten über 6 besteht keine Abhängigkeit vom pH-Wert.

Allerdings muss bei Rhodamin B und anderen Xanthenfarbstoffen beachtet werden, dass sich bei höheren Farbstoffkonzentrationen Dimere und höhere Oligomere bilden. Die Quanteneffizienz dieser Makromoleküle ist sehr klein oder nicht mehr existent (Fluoreszenzquenching) - bei Trimeren generell kleiner als bei Dimeren. Bindhu und Harilal [BH01] haben den Einfluss der Farbstoffkonzentration auf die Quanteneffizienz und damit auf die Temperatursensibilität des Farbstoffes untersucht. Sie haben bei Erhöhung der Farbstoffkonzentration eine Verschiebung des Emissionsmaximums, des gesamten Fluoreszenzspektrums und des Absorptionsmaximums hin zu größeren Wellenlängen und damit zu niedrigerer Energie festgestellt. Ab einer Konzentrationen von $10^{-5}M$, was einer Lösung von $4,79\,mgl^{-1}$ Rhodamin B in Wasser entspricht, haben sie eine Verminderung der Quanteneffizienz mit zunehmender Farbstoffkonzentration festgestellt. Arbeola et al. [AOA98] haben als Ursache hierfür die Bildung von Oligomeren gefunden. Sie haben die Dimerisierung von Rhodamin B-Kationen in Wasser ab einer Konzentration von $4 \cdot 10^{-4} M$ $(0, 2\, gl^{-1})$ festgestellt. Die verminderte Emission bei höheren Farbstoffkonzentrationen beruht auf Reabsorption und Reemission, aber auch auf Absorption ohne Reemission durch Dimere und Trimere. Da die Dimerbildung bereits von vielen äußeren Faktoren (wie Temperatur, Druck, pH-Wert) abhängt, ist es vorteilhaft mit einer möglichst niedrigen Farbstoffkonzentration zu arbeiten, wenn nur eine Abhängigkeit der Fluoreszenzintensität von der Temperatur bestehen soll. Die Konzentration muss aber gleichzeitig hoch genug sein, um ein vernünftiges Signal-Rausch-Verhältnis zu erreichen. Aufgrund der dargelegten Überlegungen und der Anforderungen zeigt sich Rhodamin B als Fluoreszenzfarbstoff geeignet.

3.5.3. Farbstofftestung

Zu Beginn der Messungen werden in einem Vorversuch die Messbarkeit von Fluoreszenzintensitätsfeldern in Mikrokanälen und die Temperaturempfindlichkeit von Rhodamin B getestet. Dazu wird eine Rhodamin B Lösung $(0, 2\, g/l)$ in einen Mikrokanal mit einer Breite von $100\, \mu m$ und einer Höhe von $200\, \mu m$ gegeben. Anschließend werden die Fluoreszenzintensitätsfelder bei isothermen Temperaturfeldern ohne Strömung im Bereich von $10° - 70°C$ gemessen. Mit der Kamera werden Intensitätsfelder registriert. Ein mittlerer Intensitätswert wird für jede Aufnahme durch die Mittelung über die Fläche gebildet. Die gemittelten Intensitätswerte werden mit dem Wert bei Temperatur $T = 30°C$ normiert und gegen die Temperatur aufgetragen. Sieben verschiedene Messreihen sind in Abbildung 3.2 mit sieben verschiedenen Farben dargestellt. In Abbildung 3.2 zeigt sich eine eineindeutige Abhängigkeit der Fluoreszenzintensität von der Temperatur und eine gute Übereinstimmung der Messreihen. Damit kann die Reproduzierbarkeit der Messungen festgestellt werden. Weiterhin wird eine ausreichende Temperaturempfindlichkeit der Methode von $\frac{\partial I(T)}{\partial T} = (-0, 012 \pm 0, 002)I(30°C)/°C$ ermittelt, was in guter Näherung mit dem Literaturwert von $(-0, 0154)I(20°C)/°C$ von Coppeta und Rogers [CR98] übereinstimmt. Die Abweichung ist damit zu erklären, dass Einflussfaktoren wie die Lichtintensität, Farbstoffkonzentration etc. bei den beiden Experimenten nicht identisch sind. Bei den in Kapitel 4 dargestellten Experimenten können die Kalibrierung und die Messungen aufgrund eines veränderten Versuchsaufbaus (durchströmter Kanal statt abgeschlossener Kanal ohne Strömung) und eines Objektives mit einer größeren Apertur mit einer niedrigeren Farbstoffkonzentration von $0, 01 gl^{-1}$ durchgeführt werden. Bei der Kalibrierung wird ein höherer Wert der Temperaturempfindlichkeit von durchschnittlich $((-0, 02)I(24°C)/°C)$ ermittelt. Durch die Strömung im Kanal und der damit verbundenen durchschnittlichen Verweilzeit der Farbmoleküle im Mikroskopsehfeld von weniger

3.5 Induzierte Fluoreszenz von Farbstofflösungen als Messverfahren 37

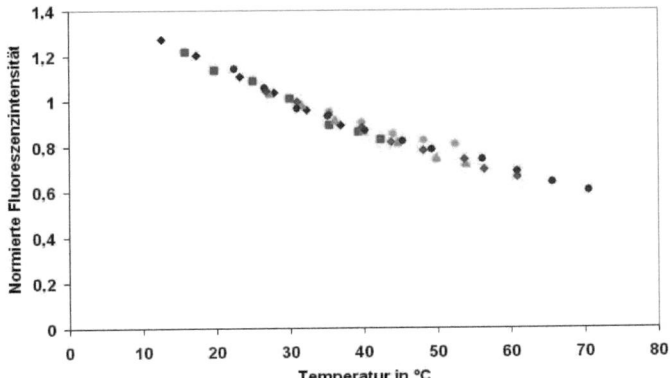

Abbildung 3.2.: Abhängigkeit der Fluoreszenzintensität von Rhodamin B von der Temperatur bei sieben verschiedenen Messreihen, dargestellt mit verschiedenfarbigen Symbolen.

als $0,4\,ms$ wird ein Photobleaching, was die Quanteneffizienz reduziert, vermieden.

3.5.4. Zweifarbenfluoreszenzverfahren nach Sakakibara und Adrien

Aufgrund des eindeutigen Zusammenhangs nach Gleichung 3.7 zwischen Fluoreszenzintensität und Temperatur kann von der Fluoreszenzintensität an einem Punkt im Temperaturfeld auf die dortige Temperatur geschlossen werden, wenn die Farbstoffkonzentration und die Intensität des anregenden Lichtes konstant gehalten werden. Räumlich konstante Beleuchtung mit $I_0(x,y) = const.$ kann in der Praxis durch Fehlen einer idealen Lichtquelle, Abbildungsfehler durch optische Elemente im Strahlengang, sowie lokal ungleiche Absorption, Reflexion, Konvergenz bzw. Divergenz des Beleuchtungslichtes praktisch nicht realisiert werden.

Generell ist die Mitte des Beleuchtungsfeldes stärker beleuchtet als seine Ränder. Eine Ursache dafür ist der Randlichtabfall. Die größte wirksame Blende eines Objektivs verringert sich, je weiter das Sehfeld des Mikroskops von der optischen Achse entfernt ist. Das Maß des Lichtabfalls ist annähernd proportional zur vierten Potenz des Kosinus des Winkels zur optischen Achse (cos^4-Gesetz). Eine andere Ursache für den Randlichtabfall ist die optische Vignettierung nach Schröder [ST07], wenn die Lichtstrahlen, die das Sehfeld des Mikroskops ausleuchten, sowohl eine Eintrittsöffnung (z.B. eine Linse) als auch eine Austrittsöffnung (und möglicherweise noch weitere Öffnungen, z.B. Linsen oder

Blenden) durchtreten müssen und in den reellen Strahlenverlauf der Lichtröhre Blenden hineinragen.
Sind die Beleuchtungsverhältnisse räumlich inhomogen, aber zeitlich konstant, kann eine ortsabhängige Kalibrierung durchgeführt werden. Das bedeutet, für jeden Punkt eines zu vermessenden zweidimensionalen Feldes (x,y) wird der Zusammenhang zwischen der Fluoreszenzintensität $I_F(x,y)$ und der Temperatur T ermittelt $I_F(x,y) = I_0(x,y)\phi(T,I_0)\epsilon c$. Die Kalibrierung muss mit genau definierten Referenztemperaturfeldern (isotherme Temperaturfelder) durchgeführt werden. Die ortsabhängige Kalibrierung kann nicht erfolgreich eingesetzt werden, wenn die anregende Lichtintensität I_0 nicht nur vom Ort abhängt, sondern es im zu vermessenden Temperaturfeld aufgrund von Temperaturgradienten über die Dichteänderung zu Brechungsindexgradienten kommt. Die Brechungsindexgradienten bewirken eine Strahlablenkung und somit ist $I_0 = I_0(x,y,Temperaturfeld)$. Hier muss die aktuelle, lokale Beleuchtungsintensität bestimmt werden, um aus der Fluoreszenzintensität die Temperatur bestimmen zu können.
Sakakibara und Adrian [SA99] sowie Funatani et al. [FFI04] haben dieses Problem mit Hilfe einer zweiten Fluoreszenzfarbe bei einer zweidimensionalen Temperaturverteilung bei einem makroskopischen Problem gelöst. Sie haben zwei Fluoreszenzfarben A und B gemischt, beide gleichzeitig mit der gleichen Lichtquelle angeregt und von beiden gleichzeitig die lokale Fluoreszenzintensität gemessen. Durch Division der jeweiligen Fluoreszenzintensitäten:

$$\frac{I_A}{I_B} = \frac{I_0 c_A \phi_A \epsilon_A}{I_0 c_B \phi_B \epsilon_B} \tag{3.8}$$

kann für den Quotient $\frac{I_A}{I_B}$ die Abhängigkeit von der anregenden Lichtintensität I_0 eliminiert werden. Die Temperaturabhängigkeit des Quotienten findet sich nur im Verhältnis der Quanteneffizienzen $\frac{\phi_A}{\phi_B}$ wieder. Das Verhältnis der Konzentrationen der beiden Farbstoffe kann dabei als konstant angenommen werden, ebenso wie die Absorptionskoeffizienten ϵ, die bei den hier verwendeten Farbstoffen eine wesentlich geringere und damit vernachlässigbare Temperaturabhängigkeit zeigen. Da beide Farbstoffe gleichzeitig mit derselben Lichtintensität I_0 und Wellenlänge λ angeregt werden, sollte ihr Absorptionsspektrum möglichst identisch sein. Weiterhin sollten sie möglichst in unterschiedlichen Spektren emittieren, so dass die emittierten Spektren mittels optischer Filter getrennt weiter verarbeitet werden können. Die Temperaturabhängigkeit des Quotienten in Gleichung 3.8, also $\frac{\partial(\phi_A(T)/\phi_B(T))}{\partial T} = \frac{\frac{\partial \phi_A(T)}{\partial T}\phi_B(T) - \frac{\partial \phi_B(T)}{\partial T}\phi_A(T)}{\phi_B^2}$, soll möglichst groß sein. Das bedeutet, die Farbstoffe sollen in ihrer Temperaturabhängigkeit $\frac{d\phi}{dT}$ maximal differieren. Sakakibara und Adrian [SA99] haben mit Rhodamin B und Rhodamin 110 gearbeitet, wobei Rhodamin B eine große Temperaturabhängigkeit zeigt, und Rhodamin 110 temperaturunabhängig fluoresziert. Beide Farbstoffe werden mit der $488\,nm$ Linie eines

3.5 Induzierte Fluoreszenz von Farbstofflösungen als Messverfahren   39

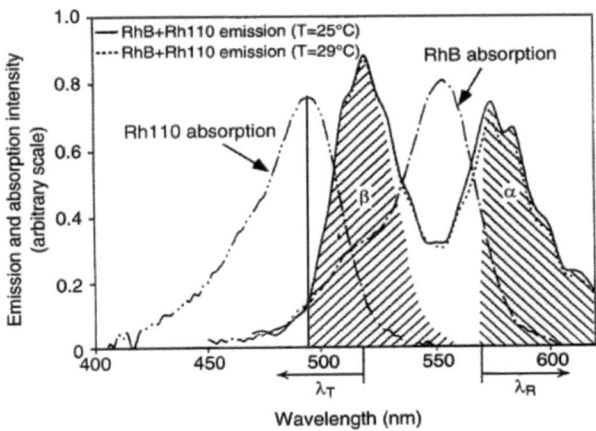

Abbildung 3.3.: Absorptions- und Emissionsspektrum von Rhodamin B und Rhodamin 110

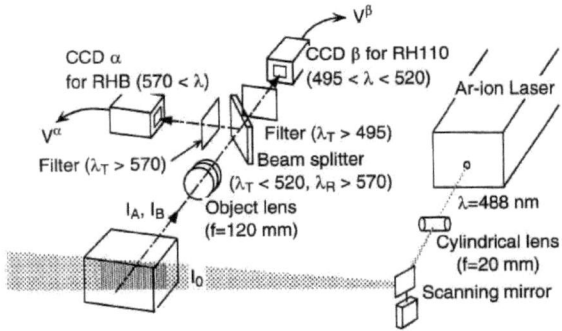

Abbildung 3.4.: Optischer Aufbau, übernommen aus Sakakibara und Adrian [SA99].

Argonionenlasers angeregt. Das auszuwertende Intensitätsbild wird bei dieser Zweifarbenmethode durch einen dichromatischen Strahlteiler geschickt, der das Emissionsspektrum von Rhodamin 110 ($495 < \lambda < 520$) passieren lässt, so dass es auf eine Kamera trifft. Gleichzeitig wird Emissionsspektrum von Rhodamin B ($570 < \lambda$) auf eine zweite Kamera reflektiert. Beide Bilder werden gefiltert, um nicht informative Bereiche des Spektrums wie z.B. Streulicht zu eliminieren. Der Vorteil dieser simultanen Zweifarbenmethode ist, dass sie auch bei instationären Prozessen eingesetzt werden kann. Der Nachteil der Methode sind spektrale Konflikte. So können sich zum einen die Emissionsbereiche der beiden Farben überschneiden. Bei nicht adäquater Filterung wird so Fluoreszenzlicht der einen Farbe fälschlich der anderen zugeordnet. Ferner liegt der Emissionsbereich der einen Farbe meist im Absorptionsbereich der anderen Farbe. Das Fluoreszenzlicht der einen Farbe wird dann von der anderen Farbe absorbiert, die wiederum einen Teil dieses absorbierten Lichts als Fluoreszenzlicht emittiert. Folglich ist die anregende Lichtintensität für den absorbierenden Farbstoff nicht mehr exakt die gleiche wie für den anderen Farbstoff, siehe Gleichung 3.8. Entsprechend muss deshalb mit einer höheren Farbkonzentration der einzelnen Farbstoffe gearbeitet werden, was wiederum Probleme hinsichtlich Oligomerbildung und Lichtabsorption nach sich ziehen kann. Der größte Nachteil des Verfahrens ist, dass es das Ziel hat, Beugungseffekte zu eliminieren, Lichtbeugung aber wellenlängenabhängig ist. Die beiden Fluoreszenzfarben werden unterschiedlich gebeugt und Beugungseffekte können nicht adäquat kompensiert werden. Zudem sind die Objektive der Kameras nicht frei von Farbfehlern. Zwischen der Bild- und der Objektebene liegen oft optisch transparente Medien, wie Deckel oder nichtbeleuchtete Lösung, die ebenfalls Dispersionseffekte aufweisen.

3.5.5. Sequenzielles Zweifarbenfluoreszenzverfahren

Farbstoff	Absorptionsmaximum [nm]	$Emissionsmaximum$ [nm]
Rhodamin B	560	585
Sulforhodamin 101	585	607

Tabelle 3.1.: Absorptions- und Emissionseigenschaften von Rhodamin B und Sulforhodamin 101 nach Coppeta und Rogers [CR98].

Das sequenzielle Zweifarbenfluoreszenzverfahren ist ein neuartiges Verfahren, das im Rahmen dieser Arbeit neu entwickelt wurde und in der vorliegenden Arbeit erstmals vorgestellt wird. Dabei wird mit zwei Fluoreszenzfarbstoffen gearbeitet, jedoch werden diese nicht vermischt, sondern nacheinander durch das stationäre Temperaturfeld geschickt. Es wird mit zwei parallel geschalteten Farbtanks gearbeitet. Die entsprechenden Intensitätsbilder werden nacheinander mit der gleichen Bildaufnahmeeinheit aufgezeichnet. Wiederum werden Farbstoffe mit möglichst großem Unterschied in der Temperaturabhängigkeit $\frac{d\phi}{dT}$ ausgewählt. Allerdings werden Farbstoffe mit möglichst identischem Absorptions- und Emissionsbereich eingesetzt. Diese Anforderungen werden von Rhodamin B und Sulforhodamin 101 erfüllt, wobei Rhodamin B eine hohe Temperaturabhängigkeit besitzt und Sulforhodamin 101 nahezu temperaturunabhängig fluoresziert. Die entsprechenden Absorptions- und Emissionseigenschaften sind in Tabelle 3.1 dargestellt. Bei dieser Methode können nur stationäre Temperaturfelder aufgezeichnet werden. Zu den Vorteilen gehört, dass:

- Absorptions- und Emissionsbereich der Farbstoffe nahezu identisch sind. Ferner werden beide Farbstoffe mit dem gleichen spektralen Bereich ($515\,nm < \lambda < 560\,nm$) angeregt. Für die Bildgebung wird ebenfalls derselbe Bereich von beiden Farbstoffen herausgefiltert ($590\,nm < \lambda$). Auf diese Weise entstehen keine Fehler bedingt durch Dispersionseffekte sowohl des anregenden als auch des emittierten Lichts.

- Nur eine Bildaufnahmeeinheit ist notwendig, ein Bildteiler entfällt.

- Es gibt keine Diskrepanzen der Intensitätsbilder aufgrund unterschiedlicher Abbildungsverzerrungen (ausführlichere Darstellung in Kapitel 4.3.2) der jeweiligen Aufnahmeeinheiten, da die optischen Abbildungsbedingungen identisch sind.

- Es treten keine spektralen Konflikte auf, da die Farben nicht gemischt werden.

Von den dargestellten Temperaturmessverfahren ist das sequenzielle Zweifarbenfluoreszenzverfahren am besten geeignet zur Temperaturfeldmessung in Mikrokanälen. Als nicht invasives Verfahren hat es gegenüber Messtechniken, die mit Sensoren oder Tracern arbeiten, den Vorteil, weder das Strömungsfeld zu beeinflussen noch Wärme aus der Umgebung der Strömung über den Sensor zu zuführen. Im Vergleich zu anderen optischen Verfahren hat es den Vorteil, dass es Strahlablenkungen durch Brechungsindexgradienten aufgrund von Temperaturgradienten sowohl im Fluid als auch auf dem optischen Weg dorthin (z.B. Kanaldeckel) kompensieren kann.

3.5.6. Literaturübersicht

In der Literatur gibt es wenige Veröffentlichungen zur Vermessung von Temperaturfeldern in Mikrokanälen mit Hilfe induzierter Fluoreszenz. Ross [RGL01] benutzt eine Einfarbenmethode und misst nur mit Rhodamin B die Temperaturverteilung, die aufgrund der Jouleschen Wärme bei elektrokinetischen Prozessen entsteht. Als Erregerlichtquelle benutzt er eine Quecksilberdampflampe. Für die Kalibrierung nimmt er Intensitätsbilder zu definierten Temperaturfeldern in einer Quarzkapillare auf und mittelt über alle Intensitätswerte. Mit diesen Werten wird dann ein Polynom dritten Grades ermittelt, das den Zusammenhang zwischen Fluoreszenzintensität und Temperatur beschreibt. Bei der Temperaturfeldmessung in trapezförmigen Mikrokanälen aus PMMA wird dann das Differenzbild zu einem isothermen Referenzbild bei $22\,°C$ mit Hilfe des erstellten Polynoms ausgewertet. Der Autor gibt ohne räumliche und zeitliche Mittelung eine Genauigkeit des Verfahrens von $2,4 - 3,5\,°C$, bei zeitlicher und räumlicher Mittelung $0,03 - 0,07\,°C$ an. Kritisch zu beurteilen an der beschrieben Vorgehensweise sind folgende Punkte:

- Ross arbeitet mit einer Quecksilberdampflampe; diese Lichtquellen weisen eine geringe Intensitätsstabilität auf, näheres hierzu in Kapitel 4.1.4.

- Die Kalibrierung findet in einer Quarzkapillare und die eigentliche Temperaturfeldmessung in trapezförmigen Mikrokanälen aus PMMA statt. Da beide Materialien unterschiedliche Absorptions- und Reflexionseigenschaften haben, wirkt sich das auf die Wellenlänge und die Intensität des anregenden Lichts sowie die des detektierten Fluoreszenzlichts aus.

- Die Quanteneffizienz wird als konstant angenommen, obwohl $\phi = \phi(I_0)$ und die anregende Lichtintensität I_0 nicht identisch zwischen zu messendem Temperaturfeld und Kalibrierungstemperaturfeld ist, da es sich um einen anderen Aufbau handelt.

- Es kommt im zu vermessenden Temperaturfeld aufgrund von Temperaturgradienten im Messvolumen und in den durchstrahlten Materialien auf dem optischen Weg zu Strahlablenkungen, die nicht berücksichtigt oder mit Hilfe einer zweiten Farbe korrigiert werden.

- Als Genauigkeit der Methode werden die Standardabweichungen angegeben, aber bei dem dargestellten Problem mit I_0 handelt es sich nicht um zufällige sondern systematische Fehler.

Erickson [ESL03] untersucht ebenfalls mit Rhodamin B die Temperaturverteilung, die in mikrofluidischen Chips aus PMMA oder der Kombination PMMA/Glas aufgrund der Jouleschen Wärme bei elektrokinetischen Prozessen entsteht. Er verwendet die gleiche Messtechnik wie Ross [RGL01], entsprechend sind die Kritikpunkte identisch. Er vergleicht seine Ergebnisse für die Temperatur aus numerischen Simulationen mit der Finite-Elemente-Methode und stellt Abweichungen zwischen Experiment und Simulation von bis zu $\pm 3\,°C$ fest.

4. Experimentelle Untersuchungen

4.1. Versuchsaufbau

4.1.1. Anlage zur Erzeugung einer druckgetriebenen Strömung

Für die Versuchsdurchführung soll eine konstante Strömung durch einen Mikrokanal erzeugt werden. Eine Versuchsanlage, wie in Abbildung 4.1 dargestellt, wird zur Generierung einer druckgetriebener Strömungen durch ein Mikrokanalmodul (1) konzipiert. Die genaue Typenbezeichnung und die Herstellerfirmen der dargestellten und beschriebenen Geräte und Materialien sind im Anhang B zu finden. Helium (2), hellblau dargestellt,

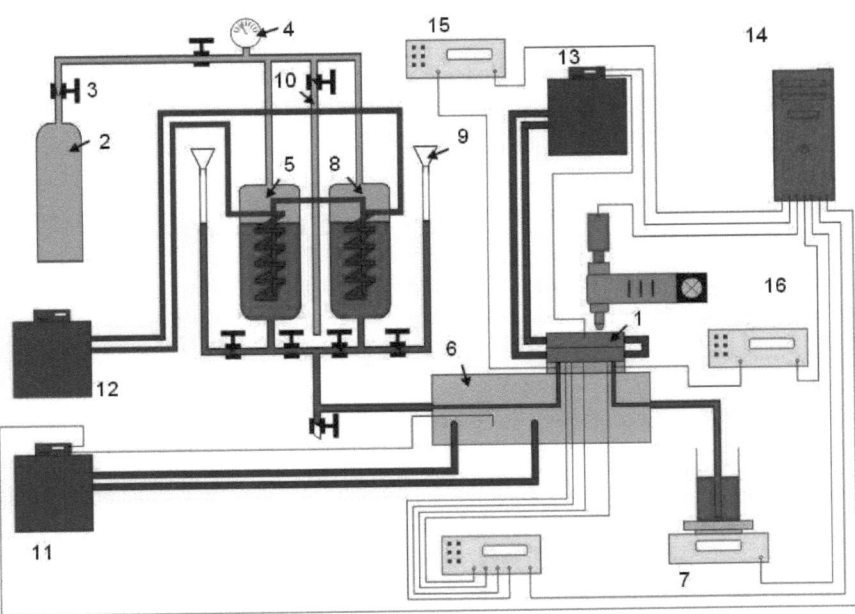

Abbildung 4.1.: Übersicht Versuchsaufbau.

wird als Druckgas eingesetzt, weil es nicht wasserlöslich, chemisch inert, preisgünstig und sicher im Laborbetrieb einsetzbar ist. Ein Druckminderer (3) drosselt den Heliumdruck der Gasdruckflasche (2) von bis zu 200 bar auf einem Arbeitsüberdruck im Bereich von ca. 0, 2 bar bis 1 bar, abhängig von der gewünschten Reynolds-Zahl. Der Druck wird an einem Manometer (4) oberhalb der Vorratsgefäße (5) und (8) abgelesen. Das Helium drückt deionisiertes, entgastes und gefiltertes Wasser mit einem gelösten Fluoreszenzfarbstoff (magenta dargestellt) aus einem Vorratsgefäß erst durch einen Montageblock (6) aus VE Stahl (hellgrau dargestellt), dann durch die aufgeschraubte Mikrokanalbaugruppe zurück in den Montageblock (6) und dann weiter in einen Auffangbehälter auf einer Präzisionswaage (7). Die Mikrokanalbaugruppe ist in Abbildung 4.2 noch einmal detaillierter dargestellt. Durch Regulierung des Heliumdrucks werden die Durchflussgeschwindigkeit und damit die gewünschte Reynolds-Zahl des Testfluids im Mikrokanal eingestellt. Dem ersten Vorratsgefäß (5) ist ein zweites Vorratsgefäß (8) parallel geschaltet, so dass nacheinander bei einem bestimmten eingestellten Druck die beiden Fluoreszenzfarbstoffe Rhodamin B und Sulforhodamin durch den Mikrokanal gepumpt werden können. Vor dem Befüllen der Behälter von unten durch eine Zuleitung (9) wird das gesamte System mit Helium gefüllt, das dann über ein nach unten gebogenes Entgasungsrohr (10) während des Füllvorgangs entweicht. Hierdurch wird vermieden, dass sich Luft im System befindet. Der VE Stahl Montageblock, die Schienen der Mikrokanalbaugruppe und die Vorratsgefäße sind dabei jeweils mit einem gesonderten Thermostat temperierbar. Die Thermostate (11, 12, 13) besitzen jeweils einen PT 100 Temperatursensor als externen Temperaturfühler. Da es trotz isolierter Zulaufleitungen zu einem geringen Wärmeverlust kommt, wird die Badtemperatur der Thermostate entsprechend der Differenz zwischen Ist- und Soll-Temperatur der zu temperierenden Einheit geregelt. Üblicherweise werden zur Kalibrierung alle Einheiten auf die identische Temperatur gebracht, um eine isotherme Strömung zu erzeugen. Um den Wärmeübergang zu messen, werden die Vorratsgefäße und der Block mit den Thermostaten und die Raumtemperatur mit Hilfe einer präzisen Klimaanlage auf $T = 24\,°C$ gebracht. Dadurch ist die Temperatur vor Einlauf in den Mikrokanal auf $T = 24\,°C$ festgelegt. Die Ist-Werte der PT 100 Sensoren der Thermostate werden zusätzlich von einem PC (14) zur Kontrolle mit erfasst. Der Massendurchfluss $\dot{m}$ wird der Waage (7) bestimmt, die das Gewicht zeitabhängig misst. Da zusätzlich Ein- und Austrittstemperatur (T_E, T_A) in der Mikrokanalbaugruppe mit Hilfe von PT 100 Widerstandsthermometern (15, 16) erfasst werden, können mit Hilfe der mittleren Temperatur $T_M = (T_e + T_A)/2$ mit den Gleichungen 5.14 und 5.13 die Dichte ρ und die kinematische Viskosität ν berechnet werden. Daraus lassen sich dann weiter mit Hilfe des Massenstroms $\dot{m}$ und des Kanalquerschnitts A, die mittlere Geschwindigkeit und die

4.1 Versuchsaufbau

Reynolds-Zahl errechnen. Mit Hilfe der Gleichung von Koster [Kos80] für die Temperaturleitfähigkeit $a(T) = 1,3133 \cdot 10^{-7} e^{4,25 \cdot 10^{-3} T}$ kann auch die mittlere Prandtl-Zahl $Pr = \frac{\nu}{a}$ bestimmt werden. Die Messwerterfassung und -verarbeitung erfolgt mit dem Programm Labview.

4.1.2. Realisierung eines definiert temperierbaren, optisch zugänglichen Mikrokanalmoduls

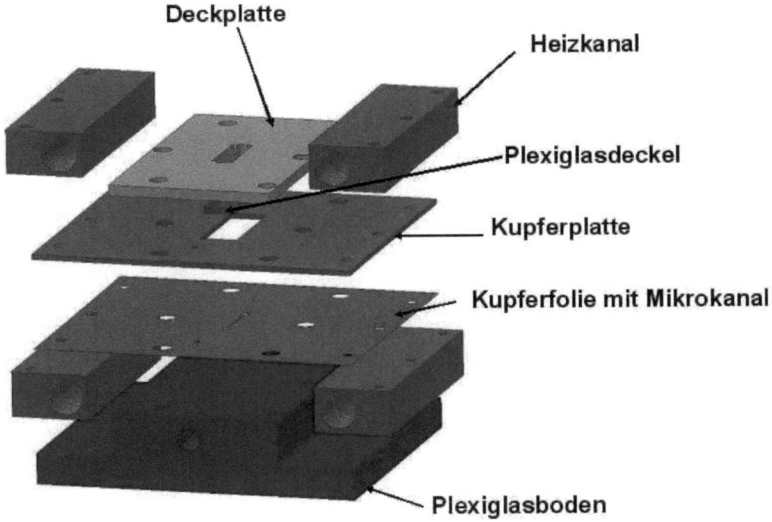

Abbildung 4.2.: Mikrokanalmodul.

Das Ziel ist, das Temperaturfeld und den lokalen Wärmeübergang in den Kanälen eines Mikrowärmetauschers zu untersuchen. Aufgrund der Komplexität eines mehrkanaligen Mikrowärmetauschers wird ein einzelner Rechteckkanal mit einem Querschnitt von $200 \times 200\,\mu m$ untersucht. Aus einer $200\,\mu m$ dicken Kupferfolie wird ein Mikrokanal mit einer Länge von $18\,mm$ und einer Breite von $200\,\mu m$ gefräst, dargestellt in Abbildung 4.2. Ein Test mit VE Stahl, dem Blockmaterial, und Kupfer in Kombination mit destilliertem Wasser unter Luftabschluss ergibt auch nach zwei Wochen keine nachweisbaren Eisen-,

Chrom- und Nickelionen im Wasser, so dass eine ausreichende Materialverträglichkeit gewährleistet ist. Die Wärmeleitfähigkeit von Kupfer ($\lambda = 399\,WK^{-1}m^{-1}$) ist deutlich höher als die von Nirostastahl ($\lambda = 15\,WK^{-1}m^{-1}$). Die Kupferfolie wird zwischen zwei Platten aus Plexiglas (PMMA) eingelegt, die Deckel und Boden des Mikrokanals bilden (siehe Abbildung 4.2, 4.3 und 4.4). Eine zweite Kupferplatte mit einer Dicke von $1,7\,mm$ dient der Vergrößerung des Wärmestroms von den Heizwasserkanälen. Diese Platte reicht aus Dichtungsgründen nicht bis an die Kanalwand. Plexiglas als Material erfüllt zum Einen den Zweck, den Kanal nach oben und nach unten thermisch zu isolieren. Damit kreiert man einen nahezu symmetrischen Wärmestrom von den Kupferwänden in das Fluid. Zum Anderen ermöglicht das Plexiglas einen optischen Zugang zum Kanal für nicht invasive, optische Messtechniken. Der Plexiglasdeckel erlaubt zudem eine Dichtung des Kanals ohne Nut und O-Ringe, wie sie beispielsweise bei einem Glasdeckel erforderlich sind, sodass keinerlei Leckströme auftreten. Der Plexiglasdeckel wird mit Hilfe einer 4 mm dicken Deckplatte aus VE Stahl auf den Mikrokanal geschraubt um die Mikrokanalgruppe ausreichend zu stabilisieren. Außerhalb des Plexiglasdeckels ist die Platte tiefer gefräst um einen möglichst hohen Anpressdruck auf den Deckel zu erzeugen und die darunter liegende dicke Kupferplatte durch den Luftspalt thermisch gegen die Umgebung zu isolieren und den Wärmeverlust zu minimieren. Alle eingesetzten Schrauben sind mit Hilfe von Kunststoffröhrchen von der Mikrokanalbaugruppe thermisch entkoppelt. In die VE Deckplatte ist ein Schlitz entsprechend dem Beleuchtungskegel des Mikroskops gefräst, um die optische Zugänglichkeit zum Kanal zu gewährleisten. Neben dem Aufbau und damit dem Fluid vor dem Einlauf in den Mikrokanal ist der Mikrokanal selbst ebenfalls definiert mit einem Thermostat über Heizkanäle temperierbar. Ohne Strömung erreicht man im Mikrokanal die identische Temperatur wie in den Heizkanälen. Bei Strömung fällt die Temperatur aufgrund des konvektiven Transportes und der begrenzten Leitfähigkeit des Kupferbleches mit $399\,WK^{-1}m^{-1}$ in Richtung Kanalwand ab. Deshalb wird die Temperatur nochmals am Kanalrand mit Thermoelementen, die von unten durch die Plexiglasbodenplatte geführt werden, gemessen. Die Bodenplatte in Abbildung 4.4 besitzt außer den Bohrungen für den Zu- und Ablauf des Testfluids noch zwei Bohrungen für die PT 100 Sensoren (siehe auch Abbildung 4.2 (15, 16)), die die Ein- und Austrittstemperaturen messen und vier Bohrungen für die Thermoelemente vom Typ K. Typischerweise wird der Aufbau mit den Vorratsgefäßen der Raumtemperatur entsprechend auf $T = 24\,°C$ geheizt, was dann auch der Einlauftemperatur entspricht. Die Heizkanäle des Kupferbleches werden auf $T = 34\,°C$ geheizt, die Wandtemperatur des Mikrokanals hängt von der Reynolds-Zahl ab. Höhere Temperaturen beeinträchtigen die Stabilität des Plexiglases.

4.1 Versuchsaufbau

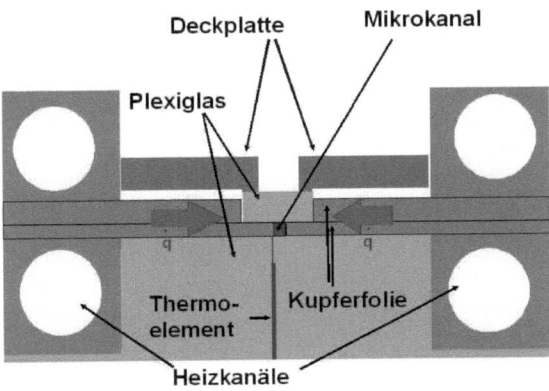

Abbildung 4.3.: Schematischer Querschnitt Mikrokanalmodul.

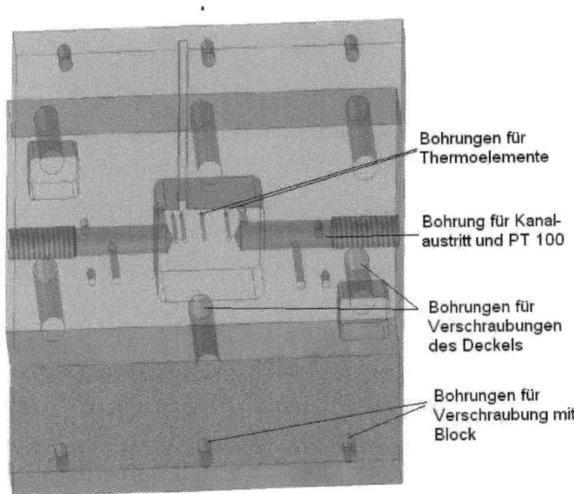

Abbildung 4.4.: Bodenplatte.

4.1.3. Erfassung der Wandtemperatur

Mit Hilfe der eingebauten Thermoelemente wird die Wandtemperatur des Mikrokanals an vier verschiedenen Positionen entlang der Kanallängsachse bestimmt. Hierbei sind die Thermoelemente, wie in Abbildung 4.5 dargestellt, entlang des Mikrokanals bei $2\,mm$,

$4\,mm$, $9\,mm$ und $16\,mm$ Abstand vom Einlauf positioniert. Diese Positionierung berücksichtigt den größeren Wärmeübergang am Anfang des Kanals. Die Bohrungen in Abbildung 4.5 zeigen einen geringen Abstand von $0,03\,mm$ von der Kanalwand. Dieser

Abbildung 4.5.: Position der vier Borungen für die Thermoelemente von oben.

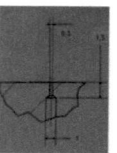

Abbildung 4.6.: Bohrungen für die Thermoelemente, Schnitt senkrecht zur Bohrung.

Abstand ergibt sich fertigungsbedingt bei der Sicherstellung, dass sich die Thermoelemente unter der Kupferwand und nicht im Kanal befinden. Die Bohrungen für die Thermoelemente haben einen Durchmesser von $0,3\,mm$. Bei einer Positionierung im Kanal würden die Thermoelemente vom Fluid umströmt werden, was eine Verfälschung der Messergebnisse zur Folge hätte. Um die entsprechende Genauigkeit zu erreichen, wird die Bohrung mit dem Durchmesser von $0,3\,mm$ im ersten Schritt von oben und mit geringer Bohrungstiefe gefertigt, siehe Abbildung 4.6. Im zweiten Schritt wird die Zugangsbohrung mit einem Durchmesser von $1\,mm$ von unten eingebracht. Die Thermoelemente werden mit einem Spezialwachs mit einem Schmelzpunkt zwischen $34\,°C$ und $50\,°C$, um gleichzeitig beim Einkleben das Plexiglas nicht einzuschmelzen, aber bei einer Betriebstemperatur von $34\,°C$ während des Versuches hinreichende Stabilität zu gewährleisten, eingeklebt. Dabei wird ein dünnflüssigeres Wachs in der oberen Bohrung eingesetzt und ein stabileres, dickflüssigeres Wachs zum Ausfüllen der Aussparung an der Unterseite. Auf diese Weise lassen sich die Positionen der Thermoelemente beim Einwachsen korrigieren und die Thermoelemente austauschen. Die Thermoelemente bestehen aus zwei Metallübergängen an der Mess- und Vergleichsstelle, damit liefern sie relative Werte zur Vergleichsstellentemperatur. Die benutzten Thermoelemente vom Typ K bestehen aus Übergängen zwischen einer Nickel-Chrom-Legierung und Nickel. Zur Bestimmung der absoluten Temperatur werden jeweils zwei Thermoelemente in Differenz geschaltet. Das Thermoelement der Messstelle befindet sich hierbei an der Kanalwand, das der Vergleichstelle in einem Peltier-Nullpunktthermostat, das die Temperatur konstant bei $0\,°C$ hält. Für die Überbrückung der Wegstrecke zwischen den Thermoelementen und dem Verstärker werden Ausgleichsleitungen mit identischen thermoelektrischen Eigenschaften wie die Thermoelemente eingesetzt. Vor dem Einsatz werden die verwendeten Thermoelemente zusammen mit den PT 100 gegen ein kalibriertes PT 100 abgeglichen.

4.1.4. Optischer Aufbau

Üblicherweise kommen Lichtschnittverfahren bei auf induzierter Fluoreszenz basierenden Verfahren zur Messung makroskopischer Konzentrations- und Temperaturfelder zur Anwendung, siehe Koochesfahani und Dimotakis [KD85], Shlien [Shl88] und Lee et al. [LPH87]. Dabei wird ein Laserstrahl mit Hilfe einer Linsenanordnung fächerförmig mit einer typischen Lichtschnittdicke in der Größenordnung von $1\,mm$ in einer Ebene des Messvolumens aufgespannt. Ein Lichtschnittverfahren kann hier aufgrund begrenzter räumlicher Zugänglichkeit nicht zur Anwendung kommen. Stattdessen wird das Licht koaxial durch das Mikroskopobjektiv (Vertikalbeleuchtung) geführt um das ganze Sehfeld auszuleuchten. Dieses Epifluoreszenzmikroskopieverfahren wurde von Ploem [Plo65] entwickelt und heißt deshalb auch Ploem-Beleuchtung. Der optische Aufbau in Abbildung 4.7 umfasst eine Lichtquelle, die besonders intensitätsstabil sein muss. Bei der Verwendung von Lasern als Lichtquelle, kann es zu Interferenzen im Mikroskopsehfeld kommen, benötigt wird aber für dieses Messverfahren eine homogene Ausleuchtung des Sehfeldes. Die üblicherweise in der Fluoreszenzmikroskopie, hauptsächlich zur Untersuchung von Zellen, die mit einem Fluoreszenzfarbstoff gefärbt sind, eingesetzten Quecksilberhöchstdrucklampen zeigen keine ausreichende Intensitätsstabilität. Quecksilberhöchstdrucklampen und andere konventionelle Gasentladungslampen zeigen aufgrund des Abbrands der Kathodenspitze eine Verbreiterung und Verschiebung des Lichtbogens und einem rapiden Intensitätsverlust. Eine herkömmliche Quecksilberhöchstdrucklampe verliert in ihrer Lebenszeit von 200 Stunden bis zu $50\,\%$ ihrer Intensität. Da Kalibrierungsmessungen wegen der Größe und der hohen Wärmekapazität des Gesamtsystems immer einige Stunden Abstand voneinander und von der Messung haben, sind diese Lampen bereits aufgrund des Intensitätsverlusts nicht geeignet. Zwar lassen sich die intermittierenden kurzzeitigen Fluktuationen aufgrund der Verschiebungen des Lichtbogens, die durch inadäquate Elektronenemissionen entstehen, zum Teil durch zeitliche Mittelungen eliminieren. Eine Aufzeichnung der Lichtintensität mit Hilfe einer Fotodiode im Strahlengang während der Messung, um die Beleuchtungsintensität anschließend mit diesen Werten zu korrigieren, führte bei der vorliegenden Arbeit nicht zum Erfolg. Es zeigt sich hingegen, dass die

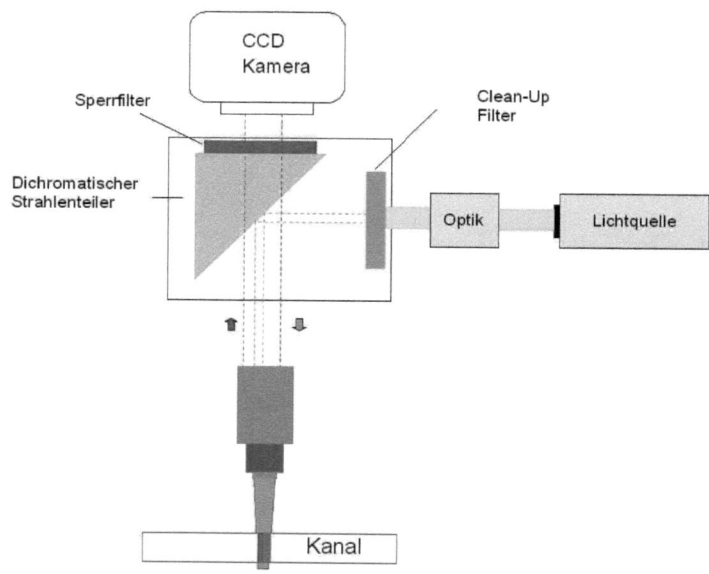

Abbildung 4.7.: Optischer Aufbau.

kurzzeitigen Intensitätsfluktuationen örtlich im Sehfeld variieren. Möglicherweise führen die Bewegungen des Lichtbogens zu örtlich ungleichen Fluktuationen der Beleuchtung des für die Messung relevanten Anteils des Sehfeldes. Detektierte Lichtschwankungen eines beliebigen Anteils des Beleuchtungskegels sind nicht repräsentativ für die Mikrokanalbeleuchtung, da nur ein bestimmter kleiner Teil der Sehfeldbeleuchtung den Mikrokanal beleuchtet und Einfluss auf die Messung hat. Zeitliche Mittelungen sind längerzeitige Belichtungen der Einzelaufnahmen, Durchführung mehrerer Bilderserien in zeitlichen Abständen und Mittelung über die einzelnen Bilder. Die 150 W *Super Quit Xenon Lamp* von *Hamatsu* zeigt eine ausreichend hohe Lichtintensität und eine wesentlich höhere Intensitätsstabilität als die für diese Arbeit verfügbaren Laser. Aufgrund einer Barium imprägnierten, verstärkten Kathodespitze wird der Abbrand verhindert und damit die Verschiebungen und Verbreiterung des Lichtbogens und die Abnahme der Lichtintensität während der Lampenlebensdauer. Nach dem Datenblatt von *Hamatsu* [Ham05] liegen Fluktuationen im Bereich von $0,2\%$ und eine Abnahme der Intensität während der Lampenlebensdauer von 2000 h tritt quasi nicht auf. Halogenlampen weisen auch eine bessere Stabilität als Quecksilberdampflampen auf; aufgrund einer schwachen Lichtintensität

4.1 Versuchsaufbau

können sie aber nur bei Objektiven mit großer Apertur und kleinem Abbildungsmaßstab eingesetzt werden. Die *Super-Quit Xenon Lamp* emittiert breitbandig von $185 - 2000\,nm$. Bereits im Lampenhaus vor Einkopplung in den Strahlengang des Mikroskops wird dann der Infrarotbereich mit Hilfe eines Wärmefilters herausgefiltert um eine Erwärmung der nachfolgend durchstrahlten Elemente und des Mikroskops zu vermeiden. Der Anregungsfilter (Clean-up Filter) filtert den gewünschten Wellenlängenbereich von $\lambda = 515-560\,nm$ heraus. Das Anregungslicht wird mit Hilfe eines dichromatischen Strahlenteilers (Transmission für Wellenlängenbereich $\lambda > 580\,nm$ und Reflexion für $\lambda < 580\,nm$) vollständig in den Strahlenganges des *LEICA DMLM* Mikroskops durch das Objektiv in den Mikrokanal reflektiert. Als Planobjektive werden ein Leica HCX PL FL mit 20facher Vergrößerung und einer numerischen Apertur von 0.40 und ein Leica N PLAN mit 5facher Vergrößerung und einer numerischen Apertur von 0.12 eingesetzt. Das Objektiv mit der größeren Apertur ist Deckglas korrigiert für Deckgläser bis zu einer Dicke von $2\,mm$ verfügbar. Aufgrund der sphärischen Abberation am Kanaldeckel kommt es zu großen Abbildungsfehlern bei Objektiven mit großer Apertur, weil auch noch stark geneigte Strahlen in das Linsensystem eindringen können. Derzeit sind am Markt ausschließlich Objektive mit langer Brennweite bis maximal 2 mm Deckglas Korrektur. Aufgrund geringer Druckbelastbarkeit einer Deckplatten von 2 mm bei einem 200 μm breiten und hohen Kanal, begrenzt sich der Arbeitsbereich auf Reynolds-Zahlen $Re \leq 1500$. Rhodamin B wird durch das Anregungslicht im Kanal zur Fluoreszenz angeregt, in Bereichen mit niedrigerer Temperatur ist die Fluoreszenzintensität höher, in Bereichen mit höherer Temperatur ist sie niedriger. Dieses Fluoreszenzintensitätsfeld wird durch das Objektiv auf den CCD[1] Chip einer *Image Intense* Kamera der Firma *PCO* abgebildet. Streulicht und reflektiertes Licht wird durch ein Sperrfilter (Langpassfilter 590 nm) blockiert. Anregungs-, Sperrfilter und dichromatischer Strahlenteiler sind aufeinander abgestimmt und in einem Würfel zueinander justiert (Leica N2.1 Filtersystem). Fokussiert wird für alle Aufnahmen auf den oberen Kanalrand. Die eingesetzte Kamera ist besonders sensitiv im Rotbereich und hat eine Auflösung von 1376×1040 Pixel mit 12 Bit Farbtiefe. Die räumliche Auflösung, die sich aus der Kombination Deckplatte (PMMA, $2\,mm$), Filterwürfel, Kamera und 20fach Objektiv ergibt, ist $0,32\,\mu m/Pixel$ bzw. beim 5fach Objektiv $1,29\,\mu m/Pixel$. Der CCD Chip zeigt dabei für jedes Pixel eine gute Linearität zwischen abgebildeter Lichtintensität und ausgelesenem Signal. Die Bilder werden an einen PC übertragen und mit der Software *Davis 6.2* der Firma *LaVision* analysiert.

---

[1] Charge Coupled Device

4.2. Messtechnik

4.2.1. Erfassung der Fluoreszenzintensität im Kanal

Ein aufgenommenes Intensitätsbild in Falschfarben für Rhodamin B bei einem isothermen Temperaturfeld von 24 °C ist in Abbildung 4.8 dargestellt. An den Bildrändern besonders deutlich am Kanalanfang und Ende ist eine die Intensitätsabnahme, wie sie in Kapitel 3.5.4 beschrieben ist, zu erkennen.

Da sich die Kamera bzw. die Objektivposition gegenüber dem Mikrokanal im Laufe der Messung um bis zu maximal 8 μm verschieben können beispielsweise durch Vibrationen der Kameralüftung, die auf das Mikroskop geschraubt ist, Gebäudevibrationen etc. sind die Kanalpositionen auf den Aufnahmen zueinander versetzt. Sowohl die Intensitätsbilder der Kalibrierung als auch die Intensitätsbilder, die beim Wärmeübergang aufgenommen werden, müssen

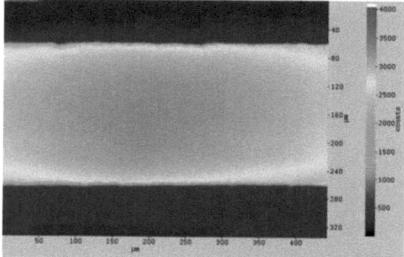

Abbildung 4.8.: Intensitätsbild Rhodamin B 24 °C.

deshalb, bevor mathematische Operationen der Bilder miteinender durchgeführt werden können, zueinander ausgerichtet werden. Dadurch wird sichergestellt, dass die gleiche Position (x, y) auf zwei Bildern der gleichen Position im Kanal entspricht. Dazu werden die Verschiebungen durch Korrelation der Bilder errechnet und anhand der Werte die Bildpositionen korrigiert. In Abbildung 4.9 und 4.10 sind Intensitätsprofile, die senkrecht zur Kanalwand vor der Ausrichtung der entsprechenden Aufnahmen und nach der Ausrichtung extrahiert werden, dargestellt. Die Kanalwand befindet sich an der Stelle der stärksten Steigung, etwa bei $y = 60\,\mu m$ und $y = 260\,\mu m$. In Abbildung 4.10 ist eine deutlich bessere Übereinstimmung der Positionen der Kanalwände der einzelnen Aufnahmen erkennbar.

4.2.2. Neuartiges Verfahren zur Eliminierung des Einflusses der Absorption im Messkanal

Bei der Detektion des Fluoreszenzsignals bei Auflichtverfahren musste bei bisherigen Arbeiten, beispielsweise bei Zadeh [Zad05] und Matsumoto et. al. [MFE05], beachtet werden, dass das Fluoreszenzlicht aus unterschiedlichen Tiefen des Kanals kommt. Aufgrund der

4.2 Messtechnik

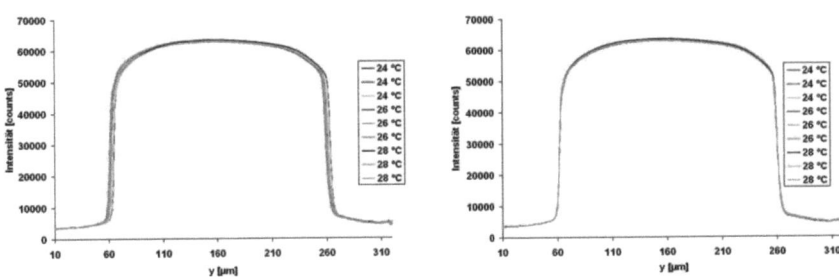

Abbildung 4.9.: Intensitätsprofile ohne Positionskorrektur.

Abbildung 4.10.: Intensitätsprofile mit Positionskorrektur.

Verminderung der Intensität I des Lichtstrahls entlang des optischen Weges durch Lichtabsorption werden die oberen Kanalschichten stärker beleuchtet als die unteren. Beer [Bee52] geht davon aus, das die Änderung der Intensität dI durch Absorption entlang des Lichtweges proportional zur Konzentration c der absorbierenden Zentren (Atome, Moleküle) und zum durchstrahlten Wegstück dz ist mit dem Absorptionskoeffizienten ϵ als Proportionalitätsfaktor: $dI = -I\epsilon c dz$. In integraler Form lautet das Lambert-Beer-Gesetz für die anregende Lichtintensität I_e mit $I(z=0) = I_0$:

$$I_e(z) = I_0 e^{-\epsilon c z}. \tag{4.1}$$

Das Fluoreszenzlicht wird auf seinem Weg durch den Kanal in Richtung Kamera absorbiert. Für Fluoreszenzlichtquanten aus den oberen Kanalschichten ist die Wahrscheinlichkeit zur Kamera zu gelangen größer als für solche aus tieferen Kanalschichten. Die Zusammenhänge sind qualitativ in Abbildung 4.11 dargestellt.

Aufgrund der beschriebenen Absorptionseffekte erhält man ein gewichtetes höhengemitteltes Fluoreszenzintensitätsbild. Im Extremfall sehr hoher Konzentrationen ist nur ein Signal aus der obersten Kanalschicht messbar, weil das anregende Licht bereits hier absorbiert wird, bzw. das Fluoreszenzlicht aus den unteren Kanalschichten auf dem Weg nach oben absorbiert wird. Das messbare Fluoreszenzlichtsignal enthält so hauptsächlich Information über die Temperatur in den oberen Kanalschichten. Ist hingegen die Konzentration c sehr klein, wird der Kanal in allen Höhen homogen beleuchtet, aber das Signal ist durch die Abhängigkeit $I_f \propto c$ auch sehr klein.

Erstmalig im Rahmen dieser Arbeit und wird hier ein neues Verfahren gezeigt, mit dessen Hilfe man eine höhengemitteltes Signal anstelle eines höhengewichteten Fluoreszenzsignals erhält. Die Lösung ist, eine so geringe Konzentration zu verwenden, dass die

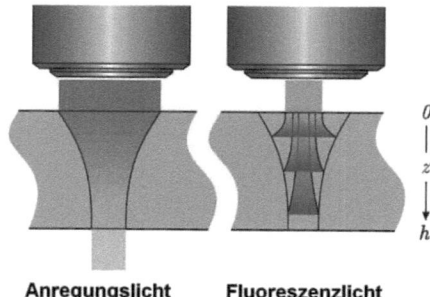

Anregungslicht **Fluoreszenzlicht**

Abbildung 4.11.: Absorption

Lichtintensität linear mit der durchstrahlten Kanaltiefe abnimmt, vergleiche Abbildung 4.12.

Mathematisch kann man diese Abhängigkeit durch Entwicklung der Exponentialfunktion in Gleichung 4.1 in eine Taylorreihe unter Verwendung der ersten beiden Glieder: $I(z) = I_0(1 - c\epsilon z)$ zeigen. Da das vorliegende Wärmeübergangsproblem symmetrisch mit einer Symmetrieebene auf halber Kanalhöhe $T(z = \frac{h}{2} + x) = T(z = \frac{h}{2} - x)$ ist, entfällt die Wichtung der Temperatur in den unterschiedlichen Kanaltiefen. Die beobachtbare Fluoreszenzintensität in einem Punkt z im Kanal ist damit $I_F = I_0(1 - \epsilon cz)\phi c\epsilon$. An der Kanaloberfläche kommt Fluoreszenzlicht aus allen Kanaltiefen z an. Da die Absorptionskoeffizienten des längerwelligen Fluoreszenzlichtes, vergleiche Abbildung 4.13, wesentlich kleiner sind, wird seine Absorption hier als vernachlässigbar angenommen. Dass diese Annahme gerechtfertigt ist, wird nachfolgend gezeigt. Damit gilt bei linearem Intensitätsabfall $I \propto 1/z$ und einer Symmetrieebene auf halber Kanalhöhe $z = h/2$ für die aus allen Kanaltiefen aufsummierten Lichtintensitäten an der Kanaloberfläche:

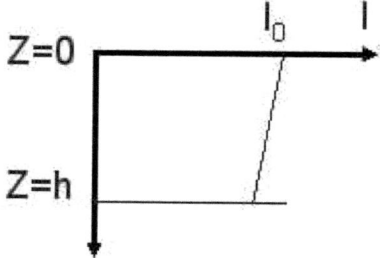

Abbildung 4.12.: Absorptionseffekte.

$$I_{Total} = \int_0^h I_F dz = I_0(c\epsilon - \epsilon^2 c^2 h/2) \int_0^h \phi(z) dz \approx I_0 c\epsilon \int_0^h \phi(z) dz. \quad (4.2)$$

4.2 Messtechnik

In Gleichung 4.2 kann der zweite Term in der Klammer gegenüber dem ersten vernachlässigt werden, da er 6 Größenordnungen kleiner ist als dieser. Zu diesem Ergebnis gelangt man durch Betrachtung der Zahlenwerte oder Größenordnungen der eingehenden Größen: $\epsilon \approx 1\,m^2g^{-1}$, $c = 0,01\,gl^{-1}$ und $h = 2 \cdot 10^{-4}\,m$. Mit Gleichung 4.2 ist gezeigt, dass keine Wichtung der Quanteneffizienz bezüglich der Höhe im Kanal z stattfindet und dass das gemessene Signal proportional einer mittleren Quanteneffizienz $I_{Total} \propto \bar{\phi} = \frac{1}{h}\int_0^h \phi(z)dz$ ist.

$$I_{Total} \approx I_0 c \epsilon h \bar{\phi}. \tag{4.3}$$

Nach Sakakibara und Adrian [SA99] besteht ein umgekehrt proportionaler Zusammenhang zwischen Quanteneffizienz und Temperatur ($\phi \propto T^{-1}$). Damit findet auch keine Wichtung der Temperaturinformation statt, sondern das erfasste Signal trägt die Information einer mittleren Temperatur über die Höhe $I_{Total} \propto \overline{T^{-1}}$. Eine längere Belichtungszeit kann eine geringere Konzentration hinsichtlich der Signalstärke kompensieren. Um den dargelegten theoretischen Überlegungen konkrete Größen gegenüber zu stellen und um zu zeigen, dass die getroffenen Annahmen gerechtfertigt sind, müssen die relevanten Absorptionskoeffizienten ermittelt werden und damit der tatsächliche Anteil der Lichtabsorption für eine möglichst kleine, aber noch hinsichtlich Signalqualität ausreichende Farbstoffkonzentration. Speziell im vorliegenden Fall wird der Absorptionskoeffizient in Wasser in Abhängigkeit von der Wellenlänge mit einem Spektralphotometer gemessen werden. Das Gerät zerlegt polychromatisches Licht in monochromatische Lichtlinien. Es wird der messtechnische relevante Anregungsbereich von 515 - 560 nm und der Emissionsbereich über 580 nm untersucht. Die Absorption wird für Rhodamin B in 11 unterschiedlichen Konzentrationen von 1 bis 200 mgl^{-1} gemessen. Aus den Werten wird der Absorptionskoeffizient durch Regressionsanalyse bestimmt und in Abbildung 4.13 gegen die Wellenlänge aufgetragen. Die Lichttransmission ist der Anteil $I(h)$ der anregenden Lichtintensität I_0, die in den Kanal eingetreten ist, der nach Passieren der Kanalhöhe h mit einer Rhodamin B Lösung von $0,01\,g/l$ nicht absorbiert wurde, also $\frac{I}{I_0}$. Zur Ermittlung der Lichttransmission für den vorliegenden Kanal, wird das Lambert-Beersche Gesetz zusammen mit den ermittelten Absorptionskoeffizienten für die einzelnen Wellenlängen für einen Kanal mit einer Höhe von 200 μm angewendet. Die Transmission ist in Abbildung 4.14 gegen die Wellenlänge aufgetragen. Man sieht, dass selbst in den ungünstigsten Wellenlängenbereichen noch mehr als 92 % der eingestrahlten Lichtintensität den Kanalboden erreichen kann. Beim Fluoreszenzlicht kommt ab einer Wellenlänge von 590 nm mehr als 99,7 % der eingestrahlten Lichtintensität nach durchlaufen einer ganzen Kanalhöhe an. Hier ist die oben getroffene Annahme, die Absorption des Fluoreszenzlichtes ganz zu vernachlässigen, gerechtfertigt.

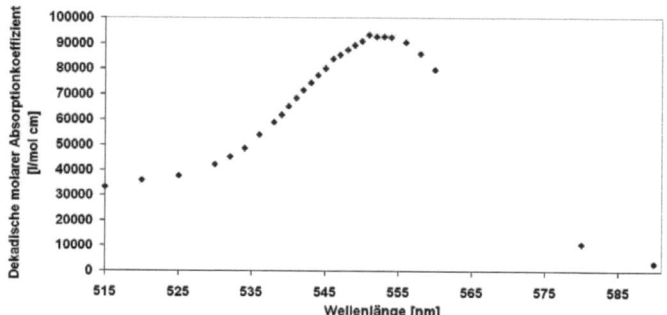

Abbildung 4.13.: Absorptionskoeffizienten in Abhängigkeit von der Wellenlänge.

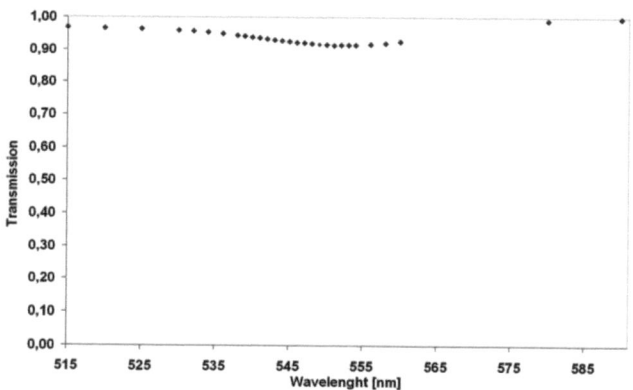

Abbildung 4.14.: Transmission in Abhängigkeit von der Wellenlänge.

4.3. Versuchsdurchführung

4.3.1. Bestimmung der Wandposition, Kanalbreite und Höhe

Weder auf den aufgenommenen Intensitätsbildern, wie in Abbildung 4.8 ersichtlich, noch auf den daraus extrahierten Intensitätsprofilen in Abbildung 4.10 ist es möglich, die exakte Position der Wand anzugeben. Ursächlich dafür ist, dass die Intensität im Wandbereich kontinuierlich ansteigt, extrahierte Intensitätsprofile nicht exakt symmetrisch sind und aufgrund der begrenzten Genauigkeit des Mikrofräsverfahrens, bzw. durch die Nachbearbeitung, es zu Schwankungen der Kanalbreite von bis zu $\pm 4\,\mu m$ kommt.

Die Position der Kanalwände im Intensitätsbild soll ermittelt werden, um später die In-

4.3 Versuchsdurchführung

tensitäten bzw. die Temperaturen der korrekten Position im Kanalquerschnitt zuordnen zu können. Dazu wird zunächst die Kamera so ausgerichtet, dass die Zeilen des Bildes parallel zu den Kanalwänden sind, wie in Abbildung 4.8, dann wird eine Bildserie aufgenommen. Es besteht die Annahme, dass die Intensitätsschwankung bei einer Bildserie zwischen den einzelnen Aufnahmen am größten für den Pixel an der Wand ist. Dazu wird das Standardabweichungsbild errechnet, indem für jedes Pixel (x, y) die Standardabweichung aller Bilder der Bildserie errechnet wird. Durch Mittelung in x-Richtung entlang des Kanals lassen sich wandnormale Intensitätsprofile extrahieren wie in Abbildung 4.15 dargestellt.

An der Wandposition zeigen die Intensitätsprofile Peaks. Der Wert der mittleren Standardabweichung ist für genau ein Pixel mehr als 10 % höher wie für Positionen mitten im Kanal und mehr als 20 % höher wie für Positionen im Bereich der Kanalwand. Es zeigt sich durch Vergleich mit anderen Messmethoden, dass die Extremwerte des Profils aus der Standardabweichung hinreichend genaue Werte für

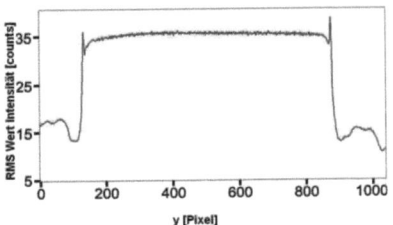

Abbildung 4.15.: Mittlere Standardabweichungen.

die Position der Kanalwände und für die Breite des Kanals liefern. Die Kanalbreite errechnet sich aus dem Abstand der Extremwerte multipliziert mit dem ermittelten Abbildungsmaßstab. Eine weitere Möglichkeit die Kanalwandposition und die Kanalbreite zu ermitteln, besteht darin, die Ableitung der Intensitätsprofile, die man durch Mitteln entlang des Kanals erhält, zu bilden. Auch hier zeigen sich an der Wandposition Extremwerte.

Der Vorteil beider Verfahren ist, dass sie gezielt an der vermessenen Stelle bei eingebautem Zustand des Kanals während einer Messung eingesetzt werden können, und damit im Verlaufe der Messung auch Veränderungen der Kanalbreite durch Ablagerungen detektiert werden können. In Anhang C sind für unterschiedliche Kanäle die Breiten aufgetragen, die mit den beschriebenen Verfahren an einigen repräsentativen Stellen in den Kanälen ermittelt wurden und im Vergleich dazu die Kanalbreiten, die für die gleichen Kanäle vor ihrem Einbau mit herkömmlichen Breitenmessverfahren (Rasterelektronenmikroskopie, Stereomikroskopie, chromatische Aberration und Durchlichtmikroskopie) ermittelt wurden. Weißlichtinterferometrie basiert auf dem Effekt der wellenlängenabhängigen Beugung von weißem Licht durch eine Linse, daher auch chromatische Aberration genannt. Jede Lichtwellenlänge hat eine eigene Fokusebene in einer für sie spezifischen Entfernung von der Linse. Abhängig von der Höhe des Messobjektes werden daher verschiedene Farbanteile des Lichts reflektiert und verursachen einen Peak bei einer bestimmten Wellenlänge. Das Messobjekt wird mit dem Messkopf Pixel für Pixel abgetastet und somit ein Höhenprofil erstellt, aus dem Breite und Höhe des Kanals, ermittelt werden können, allerdings stellt die Abrundung der Kanalgrenzen eine mögliche Fehlerquelle dar. Mit diesem Verfahren sind Rauigkeitsmessungen möglich.

Die Stereomikroskopie basiert auf dem Aufbau eines Auflichtmikroskops. Jedoch verlaufen zwei getrennte Strahlengänge in einem definierten Winkel zueinander, sodass ein räumliches Bild des zu untersuchenden Objekts entsteht. Mit dem Durchlichtmikroskop ist aber dennoch eine genauere Vermessung des Kanals möglich, da an den Ecken keine störenden Reflexionen auftreten. Zur Messung ist eine Skalierung in der Optik angebracht, die eine Ermittlung der Kanalbreite zulässt.

Bei der Elektronenrastermikroskopie (REM) wird das Objekt mit einem Elektronenstrahl unter Vakuum abgetastet. Das Bild einer REM-Messung wird durch die Signale, die durch Sekundärelektronen oder zurück gestreute Elektronen in den entsprechenden Detektiergeräten ausgelöst werden, ermittelt.

Die Ergebnisse in Tabelle C.2 zeigen, dass die Messwerte innerhalb der Genauigkeiten der herkömmlichen Messverfahren liegen.

Die Kanalhöhe wird mittels einer Mikrometerschraube ermittelt. Dabei wird die Dicke der Kupferfolie in der Nähe des eingefrästen Kanals gemessen.

4.3.2. Normierung und Kalibrierung der Fluoreszenzintensität

Anhand der Gleichungen 4.1 und 4.2 wird klar, dass eine räumlich nicht konstante Anregungslichtintensität $I_0(x,y)$ eine ortsabhängige Kalibrierung erfordert. Die inhomogene Ausleuchtung des Mikroskopsehfeldes ist in Kapitel 3.5.4 dargestellt. Die CCD Kamera registriert eine verzerrte Abbildung des Intensitätsfeldes $I_{Total}(x,y)$ an der Kanaloberfläche. U.a. führen z.B. örtlich unterschiedliche Lichttransmission der optischen Elemente des Mikroskops und des Plexiglasdeckels und Unterschiede in der Sensitivität der einzelnen Pixel der CCD Kamera zu einer Aufnahmeverzerrung $\zeta(x,y)$. Für Versuche mit in *FORTURAN* Glas eingeätzten Kanälen postuliert Matsumoto et al. [MFE05] die Überlagerung des eigentlichen Bildes mit einem Hintergrundbild $\beta(x,y)$, das durch Fluoreszenzlichtemissionen des Strukturmaterials entsteht. Da das vorliegende Mikrokanalmodul gegen Hintergrundlicht nach allen Seiten abgeschirmt ist, der Kanal in Kupfer gefräst ist und der Plexiglasdeckel keine detektierbare Fluoreszenzlichtemissionen für das verwendete Anregungslicht zeigt, kann dieser Effekt vernachlässigt werden. Für die registrierte

4.3 Versuchsdurchführung

Intensität gilt damit:
$$I_{reg}(x,y) = \zeta(x,y)I_{total}(x,y). \tag{4.4}$$

Im Fall einer räumlich inhomogenen, aber zeitlich konstanten Beleuchtung $I_0 = I_0(x,y)$ können die Abhängigkeit von der Beleuchtung $I_0(x,y)$ und die Aufnahmeverzerrung $\zeta(x,y)$ mit Hilfe einer Normierung mit einem Referenzintensitätsfeld $I_{Ref}(x,y) = \overline{I(x,y,T_{Ref})}$ eliminiert werden:

$$I_{KORR1}(x,y) = \frac{\overline{I(x,y)} - I_{Ref}(x,y)}{I_{Ref}(x,y)}. \tag{4.5}$$

Bei dieser Normierung entfallen ebenfalls die Kanalhöhe h, die Farbstoffkonzentration c und der Absorptionskoeffizient ϵ, sodass $I_{KORR1}(x,y) = f_1(\phi(x,y))$ resultiert. Das Referenzintensitätsfeld wird generiert durch ein isothermes Temperaturfeld T_{Ref}, dessen Temperatur möglichst zwischen der maximal und der minimal auftretenden Temperatur liegt. Mit dieser Normierung wird für jeden Pixel eine Kalibrierung durchgeführt und man erhält die prozentuale Abweichung vom Referenzwert. Die Temperatur lässt sich über die prozentuale Abweichung mit Hilfe einer Kalibrierung errechnen. Für die Berechnung der korrigierten Intensität $I_{KORR1}(x,y)$ werden nur gemittelte Intensitätsfelder auf Basis von mindestens 25 verwendet. Hängt die Beleuchtung I_0 nicht nur von Ort sondern auch noch von anderen Faktoren ab, kann die Abhängigkeit von der Beleuchtung I_0 nicht mit Hilfe der Normierung mit einem Referenzintensitätsfeld, wie in Gleichung 4.5 eliminiert werden. Kommt es z.B. bei einem speziell zu vermessenden Temperaturfeld (Tf) im Fluid und im durchstrahlten Plexiglasdeckel aufgrund von Temperaturgradienten über die Änderung der Dichte zu Brechungsindexgradienten, können diese eine Strahlablenkung nach sich ziehen, also $I_0 = I_0(x,y,Tf)$. Dabei kommt es zu lokal höherer oder verminderter Beleuchtung. Hier muss die aktuelle lokale Beleuchtungsintensität bestimmt oder eliminiert werden. Dies geschieht hier mit Hilfe einer zweiten Farbe. Nacheinander werden zwei Intensitätsbilder für das identische Temperaturfeld aufgenommen, einmal mit Rhodamin B und einmal mit Sulforhodamin. Temperatur- und Strömungsfeld sind stationär, die beiden Farbtanks parallel geschaltet und die beiden Farben werden nacheinander durch das Messfeld geleitet. Dabei fluoresziert Sulforhodamin (S) temperaturunabhängig und Rhodamin (R) temperaturabhängig. Durch Division der jeweiligen Fluoreszenzintensitäten:

$$\frac{I_R}{I_S} = \frac{I_0(x,y,Tf)\zeta(x,y)c_R\overline{\phi_R(T(x,y))}\epsilon_R h}{I_0(x,y,Tf)\zeta(x,y)c_S\phi_S(T(x,y))\epsilon_S h} \tag{4.6}$$

kann für den Quotient $\frac{I_R}{I_S}$ die Abhängigkeit von der anregenden Lichtintensität I_0 eliminiert werden und damit die Abhängigkeit von Beugungseffekten auf die Beleuchtungsintensität. In Gleichung 4.5 werden nun mit dem zweiten Farbstoff korrigierte Werte aus 4.6 eingesetzt:

$$I_{KORR2}(x,y,Tf) = \frac{\frac{\overline{I_R(x,y,Tf)}}{\overline{I_S(x,y,Tf)}} - \frac{\overline{I_{R-Ref}(x,y)}}{\overline{I_{S-Ref}(x,y)}}}{\frac{\overline{I_{R-Ref}(x,y)}}{\overline{I_{S-Ref}(x,y)}}}. \quad (4.7)$$

Mit einer konstanten Referenztemperatur erhält man den folgenden Zusammenhang:

$$I_{KORR2}(x,y,Tf) = \frac{\phi_R(T(x,y))/\phi_S(T(x,y)) - \phi_R(T_{Ref})/\phi_S(T_{Ref})}{\phi_R(T_{Ref})/\phi_S(T_{Ref})} = f_2(\phi_R(T(x,y)), \phi_S(T(x,y))).$$

Da sich die Farbkonzentration von Charge zu Charge und die Höhe fertigungsbedingt abhängig von der Kanalposition geringfügig ändern können, fallen diese Größen durch das Normierungsverfahren als potentielle Fehlerquellen heraus. An jeder Kanalposition,

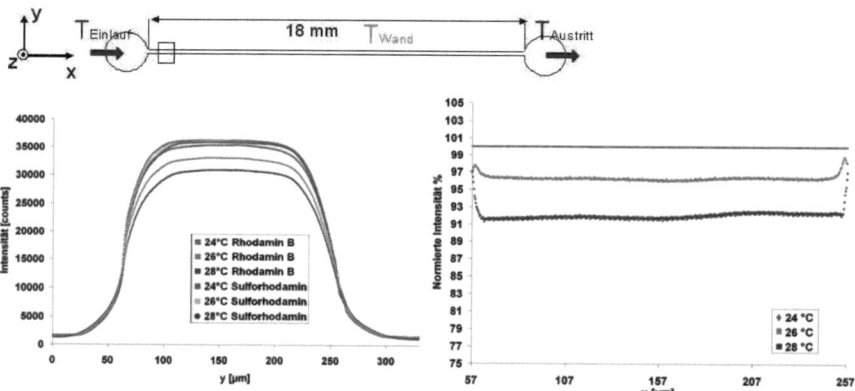

Abbildung 4.16.: o.: Kanalposition der dargestellten Kalibrierung, li. S.: Intensitätsprofile Sulforhodamin und Rhodamin B, re. S.: Normierte Intensitätsprofile für 24 °C, 26 °C und 28 °C

an der eine Temperaturfeldmessung bei Wärmeübergang durchgeführt werden soll, wird vor der Messung eine Kalibrierung vorgenommen. Ziel der Kalibrierung ist es, eine Funktion zur Umrechnung der Lichtintensität in die entsprechende Temperatur für jedes Pixel zu erhalten. Zur Kalibrierung werden isotherme Temperaturfelder erzeugt, das bedeutet Einlauf-, Austritts- und Wandtemperatur sind identisch: $T_{Einlauf} = T_{Wand} = T_{Austritt}$. Mittels der Thermostate wird dazu die gesamte Versuchsanlage mit den Vorratsbehältern und dem Mikrokanalmodul auf die jeweilige gewünschte Temperatur gebracht. Der Heliumdruck wird so eingestellt, dass das Testfluid mit dem gelösten Farbstoff mit einer Reynolds-Zahl von etwa $Re \simeq 300$ durch den Mikrokanal fließt. Nach Stabilisierung aller

4.3 Versuchsdurchführung

Messwerte (Einlaufdauer ca. 1,5 Stunden) werden pro Messung ca. 3-5 Bildserien im Abstand von jeweils 10 Minuten mit je 20 Bildern mit der CCD-Kamera bei identischen stationären Bedingungen aufgenommen. Parallel zu den Aufnahmeserien werden die Wand-, Ein- und Austrittstemperaturen, sowie der Massenstrom mit Labview aufgezeichnet und über die Zeitdauer der Aufnahme der jeweiligen Serie gemittelt. Dieser Messvorgang wird für die beiden Farbstoffe Rhodamin B und Sulforhodamin bei den Temperaturen $24\,°C$, $26\,°C$ und $28\,°C$ durchgeführt. Die genauen Prozessdaten können dem Anhang A entnommen werden. Nach einer Positionskorrektur, wie oben beschrieben, werden aus allen Intensitätsbildern einer Messung Mittelwertbilder und Bilder der Standardabweichung der einzelnen Pixel errechnet. Auf der linken Seite in Abbildung 4.16 sind die Intensitätsprofile senkrecht zur Kanalwand der Kalibrierungsmessungen an der Kanalposition $x = 1,85\,mm$ stromabwärts vom Einlauf dargestellt. Es wurde über die erfasste Kanallänge von $0.44\,mm$ in x Richtung gemittelt. Die höchste Fluoreszenzlichtintensität erhält man bei Rhodamin B für $T = 24\,°C$ (rote Kurve). Man erkennt eindeutig eine stufenweise reduzierte Fluoreszenzintensität bei $T = 26\,°C$ (grüne Kurve) und $T = 28\,°C$ (blaue Kurve). Im Gegensatz dazu sind die Intensitätsprofile für Sulforhodamin bei $T = 24\,°C$ (lila Kurve), $T = 26\,°C$ (zyanblaue Kurve) und $T = 28\,°C$ (braune Kurve) nahezu identisch. Weiter erkennt man keinen sprunghaften Übergang der Intensitäten an der Kanalwand (bei $y = 57\,\mu m$ und $y = 257\,\mu m$) von niedrigen Intensitäten unter 3000 counts auf hohe von über 25000 counts, wie sie in der Kanalmitte (bei $y = 157\,\mu m$) auftreten, sondern einen kontinuierlichen Übergang. Dies kann damit erklärt werden, dass die Kanalbegrenzung insbesondere für Farbstoffmoleküle in tieferen Kanalschichten den Belichtungskegel wie eine Blende abschattet. Gleichzeitig wirkt der Kanalrand für diese Farbstoffmoleküle bei der Bildgebung wie eine Feldblende (Eintrittspupille), die den Lichtkegel, der von einem Farbstoffmolekül im unteren Kanalbereich ausgeht, abschattet (optische Vignettierung). Die Kalibrierungsaufnahmen werden anhand von Gleichung 4.7 normiert. Die Intensitätsfelder bei $T = 24\,°C$ dienen als Referenzintensitätsfelder. Geht man analog mit diesen normierten Kalibrierungsaufnahmen vor, extrahiert die Intensitätsprofile senkrecht zur Wand, indem man die erfassten Intensitätswerte entlang der x-Koordinate mittelt und trägt $f(y) = (\frac{1}{l} \int_0^l f_2(\phi_R(T_{Kal.}(x,y), \phi_S(T_{Kal.}(x,y), \phi_R(T_{Ref=24\,°C}, \phi_s(T_{Ref=24\,°C}))dx + 1) * 100$ gegen die y-Koordinate auf, erhält man die Profile auf der rechten Seite in Abbildung 4.16. Da $T_{Ref} = 24\,°C$ die Referenztemperatur ist, erhält man hier konstant 100%. Man erkennt den nahezu konstanten Verlauf $f(\phi(T(x,y)), \phi(T_{Ref})$ für $T = 26\,°C$ (grüne Kurve) mit $96,25 \pm 0,11\%$ und $T = 28\,°C$ (blaue Kurve) mit $91,98 \pm 0,3\%$ für den Bereich $y = 62\,\mu m$ bis $y = 252\,\mu m$. Die Werte im Bereich der Kanalwände bis zu einem Abstand von $5\,\mu m$ können bereits aufgrund der Schwankungen der absoluten Intensitätswerte in diesem Bereich (siehe Seite 75) nicht mehr als valide angesehen werden. Eine Ursache für die Schwankungen der absoluten Intensitätswerte sind die Schwankungen des Messaufbaus. Die in Kapitel 4.2.1. beschriebene Positionskorrektur kann zudem die Ausrichtung der Bilder nur in der Bildebene durchführen. Fehler durch Änderungen der Objektposition in Richtung der Strahlachse können so nicht berücksichtigt werden. Aufgrund der Abschattung im Wandbereich fallen die Intensitätswerte von der Kanalmitte bis zu den Kanalwänden bis auf 30% ab. Dadurch nimmt insbesondere das Signal-zu-Rausch-Verhältnis zur Kanalwand hin ab. Bei den nach Gleichung 4.7 normierten Intensitätsbildern kommt hinzu, dass sich insbesondere im Bereich mit der stärksten Änderung der Intensität Ungenauigkeiten bei der Positionierung aufgrund der mathematischen Operationen der Bilder miteinander am stärksten auswirken. Deshalb wird für die weitere Berechnung nur der funktionelle Zusammenhang $f(\phi(T(x,y)), \phi(T_{Ref}))$ für einen Bereich mit $5\,\mu m$ Abstand von der Wand für die weitere Auswertung genutzt. Da die Funktion bezüglich der Temperatur eine geringe Nichtlinearität aufweist (der Abstand $f(T = 26\,°C)$ von $f(T = 24\,°C)$ ist etwas größer als der Abstand $f(T = 28\,°C)$ von $f(T = 26\,°C)$), wird sie durch ein Polynom zweiten Grades approximiert: $T(I_{Korr2}) = a * I_{Korr2}^2 + b * I_{Korr2} + c$.

4.4. Versuchsauswertung und Ergebnisse

4.4.1. Vergleich Temperaturprofile Ein- und Zweifarbenprofile

Um die Potentiale der vorgestellten Einfarben- und Zweifarbenmessmethoden zu demonstrieren, wird eine Serie von Messungen an verschiedenen Positionen x in Strömungsrichtung entlang eines Mikrokanals mit unterschiedlichen Reynolds-Zahlen durchgeführt. $x = 0\,mm$ entspricht dabei dem Kanaleinlauf, $x = 18\,mm$ dem Kanalaustritt. Für die Wärmeübergangsmessungen werden Block und Vorratsgefäße, die die Einlauftemperatur determinieren, auf $24\,°C$, die Kupferblöcke des Mikrokanalmoduls mit den Heizkanälen auf $34\,°C$ temperiert. Das isotherme Referenztemperaturfeld wird bei $24\,°C$ gewählt. Die Umrechnung der gemessenen Intensitätsfelder in Temperaturfelder $T(I_{Korr2})$ wird mit der Kalibrierungsfunktion, die bei der Kalibrierung ermittelt wird, durchgeführt. Aus den Temperaturfeldern werden durch Mittelung in x-Richtung über den mit dem 20fach Objektiv erfassten Kanalbereich von $0,44\,mm$ Temperaturprofile senkrecht zur Wand extrahiert. Dabei werden die gemessenen und errechneten Temperaturprofile mit den Temperaturwerten, die mit den Thermoelementen an der Kanalwand ermittelt werden, und der Ein- und Austrittstemperatur verglichen. Die Kanalbreite beträgt $B = 200,5\,\mu m$ und die Kanalhöhe $H = 215\,\mu m$, woraus sich ein hydraulischer Durchmes-

4.4 Versuchsauswertung und Ergebnisse

ser von $d_h = \frac{2BH}{B+H} = 207,5\,\mu m$ ergibt. Die Reynolds-Zahl in dem Mikrokanal ist dabei definiert als $Re = \frac{u_m d_h}{\nu}$ mit der mittleren Geschwindigkeit im Kanal $u_m = \frac{\dot{m}}{BH\rho}$, wobei die Dichte ρ aus der mittleren Temperatur ermittelt wird. Die Temperaturprofile, bei denen nur mit Rhodamin B gemessen und mit der Gleichung 4.5 normiert wird, sind mit R gekennzeichnet. Die Temperaturprofile, bei denen mit Rhodamin B und Sulforhodamin gemessen und mit der Gleichung 4.7 normiert wird, sind mit RS gekennzeichnet. Die zugehörigen Ein- und Austrittstemperaturen sind in den nachfolgenden Tabellen dargestellt. Bei den Temperaturprofilen an der Kanalposition $x = 1,85\,mm$ nach dem Einlauf

Reynolds-Zahl	$T_{Einlauf}$ in [°C]	$T_{Austritt}$ in [°C]
326	24,44	28,4
627	24,3	26,85
1121	24,21	25,95

Tabelle 4.1.: Ein- und Austrittstemperaturen zu Abb. 4.17

Reynolds-Zahl	$T_{Einlauf}$ in [°C]	$T_{Austritt}$ in [°C]
304	24,43	28,63
613	24,25	27,17
1160	24,19	26,01

Tabelle 4.2.: Ein- und Austrittstemperaturen zu Abb. 4.18

ist die Temperaturgrenzschicht noch schmal. Da sich die Temperaturgrenzschicht noch nicht bis zur Kanalmitte ausgedehnt hat, entspricht die Temperatur in der Kanalmitte ($y = 100,25\mu m$) der Einlauftemperatur. Die Einlauftemperatur in Tabelle 4.1 wird nicht am Einlauf zum Mikrokanal, sondern im Einlaufbereich bzw. Austrittsbereich der Bodenplatte gemessen, also ca. $20\,mm$ vor bzw. nach dem Mikrokanalein- und austritt. Aufgrund von Wärmeleitung durch das Wasser des $2\,mm$ breiten Zuleitungskanals und durch Erwärmung des Plexiglasbodens durch das angrenzende Kupfer, steigt die Temperatur dort geringfügig mit sinkender Reynolds-Zahl (siehe Einlauftemperatur in Tabelle 4.1 und 4.2) und entspricht nicht der eingestellten Blocktemperatur, die für alle gemessenen Fälle hier $24\,°C$ beträgt. Aufgrund von Wärmeleitung ist ein Temperaturanstieg von bis zu $0,5\,°C$ vom Ort der Temperaturmessung im Einlaufbereich der Bodenplatte bis zum Mikrokanaleinlauf zu erwarten. In der Kanalmitte ergeben sich für die Einfarbenmethode für $Re = 1121$ (gelbe Kurve) Werte zwischen $23,9\,°C$, $24\,°C$ und für die Zweifarbenmethode (orange Kurve) Werte zwischen $24,25\,°C$ und $24,35\,°C$. Letztere scheinen im Vergleich zur Einlauftemperatur die korrekteren. Ähnliches gilt für die übrigen Reynolds-Zahlen. Hier ist die Konsistenz der Daten im Vergleich zueinander bei verschiedenen Reynolds-Zahlen besser. Für Wandabstände unterhalb $5\,\mu m$ ist bei den

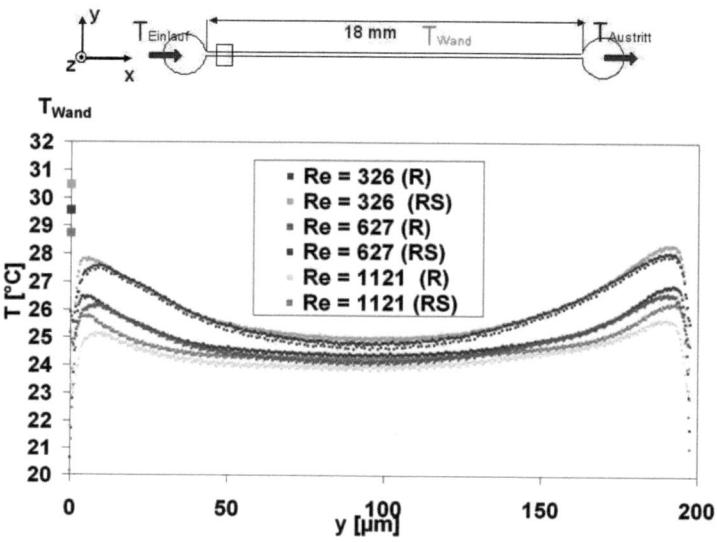

Abbildung 4.17.: Temperaturprofile Ein- (R) und Zweifarbenmethode (RS), Position $x = 1,85\,mm$, $B = 200,5\,\mu m$, $H = 215\,\mu m$, größere Rechtecksymbole: zur jeweiligen Reynolds-Zahl mit Thermoelement ermittelte Wandtemperatur

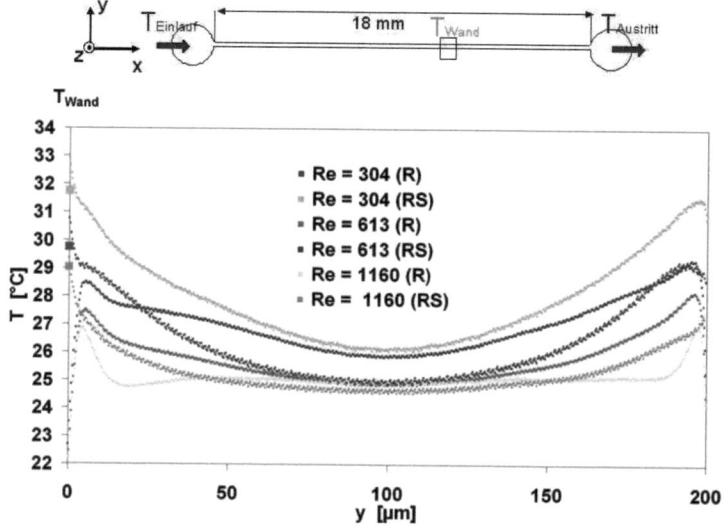

Abbildung 4.18.: Temperaturprofile Ein- (R) und Zweifarbenmethode (RS), Position $x = 10,5\,mm$, $B = 200,5\,\mu m$, $H = 215\,\mu m$, größere Rechtecksymbole: zur jeweiligen Reynolds-Zahl mit Thermoelement ermittelte Wandtemperatur

4.4 Versuchsauswertung und Ergebnisse

gemessenen Temperaturprofilen sowie bei den isothermen Kalibrierungsprofilen (Abb. 4.16) bei der Zweifarbenmethode eine starke Abweichung vom Temperaturverlauf, der aufgrund der durch die Thermoelemente ermittelte Wandtemperatur zu erwarten ist, zu beobachten. Bei der Einfarbenmethode gilt dies sogar für Wandabstände bis zu $10\,\mu m$. Aufgrund der hier noch schmalen Temperaturgrenzschicht sind in diesem Bereich die größten Temperaturgradienten zu finden. Zusammenfassend lässt sich sagen, dass sich selbst im Einlaufbereich mit kleinerer Temperaturgrenzschicht und größeren Temperaturgradienten die Zweifarbenmethode das erwartete Temperaturprofil bis zu einem Wandabstand von $5\,\mu m$ gut abbildet, wohingegen die Einfarbenmethode dies bestenfalls bis zu einem Wandabstand von bestenfalls $10\,\mu m$ schafft. Der Wandabstand, bei dem also noch eine exakte Temperaturmessung noch möglich ist, wird praktisch halbiert.

Weiter stromabwärts an der Position $x = 10,5mm$ ist die Temperaturgrenzschicht schon bis zur Mitte gewachsen. Hier zeigen sich größere Probleme bei der Einfarbenmethode, offensichtlich aufgrund von Brechungsindexgradienten durch Temperaturgradienten, die von der Einfarbenmethode nicht korrigiert werden können. Die Temperaturprofile bei allen drei Reynolds-Zahlen steigen bei der Zweifarbenmethode stetig von der Kanalmitte in Richtung der Kanalwand und entsprechen an der Kanalwand den Werten der Wandtemperatur, die mit den Thermoelementen ermittelt wird. Stromabwärts an der Position $x = 10,5mm$ sind die Temperaturgradienten an der Kanalwand kleiner als im Kanaleinlaufbereich, da die treibende Temperaturdifferenz kleiner ist. Die Fluidtemperatur steigt stärker in Strömungsrichtung an, als die Wandtemperatur abkühlt. Stromabwärts außerhalb des Einlaufbereichs kann die Zweifarbenmethode die Temperaturgrenzschicht besser auflösen als im Kanaleinlaufbereich. In der Kanalmitte ($y = 100,25\mu m$) sind auf beiden Positionen die Temperaturunterschiede, die sich zwischen den beiden Verfahren ergeben, kleiner als $0,2°C$, was im Bereich der Verfahrensgenauigkeit liegt. In der Temperaturgrenzschicht sind die Unterschiede zwischen den beiden Verfahren allerdings signifikant.

4.4.2. Mittlere Temperatur entlang des Kanals

Wieder wird eine Serie von Messungen an verschiedenen Kanalpositionen mit unterschiedlichen Reynolds-Zahlen mit Wärmeübergang mit einem isothermen Referenztemperaturfeld von $24\,°C$ analog Kapitel 4.4.1 durchgeführt. Die Kanalbreite beträgt $B = 201,7\,\mu m$ und die Kanalhöhe $H = 215\,\mu m$, woraus sich ein hydraulischer Durchmesser von $d_h = \frac{2BH}{B+H} = 207,5\,\mu m$ ergibt. Aus den Temperaturfeldern, die mit der Zweifarbenmethode ermittelt werden, werden diesmal die querschnittsgemittelte Temperaturprofile durch Mittelung in y-Richtung extrahiert und die Werte gegen die x-Koordinate aufgetragen.

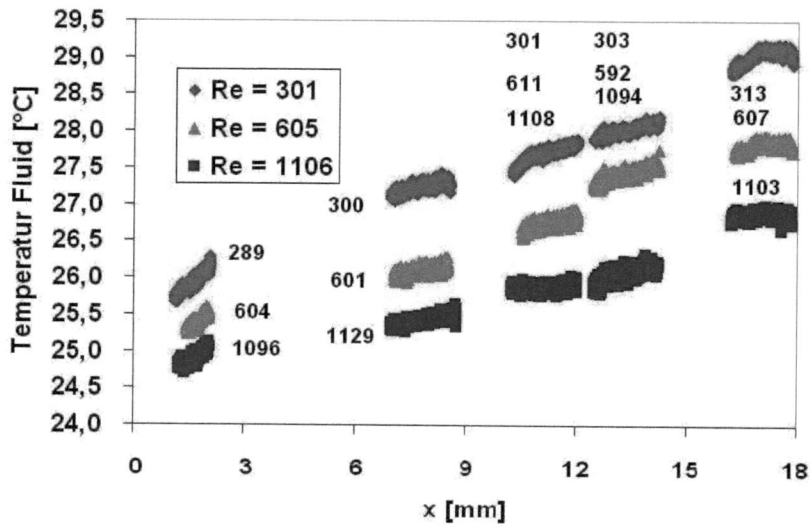

Abbildung 4.19.: Fluidtemperatur gemittelt über den Kanalquerschnitt in Abhängigkeit von der Lauflänge x in einem Kanal der Breite $B = 201,7\,\mu m$ und der Höhe $H = 215\,\mu m$ an fünf verschiedenen Kanalpositionen mit unterschiedlichen Reynolds-Zahlen jeweils an der Position aufgeführt, wobei sich die mittlere Reynolds-Zahl in der Legende befindet

Es wird an fünf verschiedenen Positionen im Kanal gemessen. Da nicht die identischen Reynolds-Zahlen an jeder Position eingestellt werden können, sind in der Legende oben in Abbildung 4.19 die mittleren Reynolds-Zahlen aufgeführt und unmittelbar an den Messwerten selbst die zugehörigen Reynolds-Zahlen. In Tabelle 4.3 sind die mittleren Ein- und Austrittstemperaturen zu den Reynolds-Zahlen aufgeführt, die im Einlaufbereich bzw. Austrittsbereich der Bodenplatte, also ca. $20\,mm$ vor bzw. nach dem Mikrokanalein- und -austritt mit PT 100 Temperaturfühlern ermittelt werden. Man erkennt, analog zu Seite 63, dass aufgrund von Wärmeleitung im Plexiglas und Wärmeübergang vom Plexiglas und vom Kupfer vor dem eigentlichen Mikrokanaleinlauf ins Fluid die Temperatur bis zu $0,5\,°C$ vom Ort der Temperaturmessung im Einlaufbereich der Bodenplatte bis zum Mikrokanaleinlauf ansteigen, bzw. beim Austritt abkühlen kann. Die Verweilzeit ist im wesentlich größer dimensionierten Einlaufbereich mit einem Durchmesser von 2 mm in der 2,5 cm dicken Bodenplatte um eine Größenordnung größer als im Mikrokanal selbst. Auch lässt sich durch die numerische Berechnung eine stärkere Abkühlung der Kupferplatte im Einlaufbereich zeigen. Bei den Temperaturwerten im Kanal, die mit der Zweifarbenfluoreszenzmethode ermittelt werden, ist eine gute Konsistenz der Werte untereinander festzustellen. Eine weitere Interpretation und Analyse dieser Ergebnisse folgt.

Mittlere Reynolds-Zahl	$T_{Einlauf}$ in [°C]	$T_{Austritt}$ in [°C]
301 ± 11	$24,49 \pm 0,05$	$28,51 \pm 0,16$
605 ± 12	$24,38 \pm 0,06$	$27,22 \pm 0,43$
1106 ± 16	$24,26 \pm 0,02$	$26,13 \pm 0,09$

Tabelle 4.3.: Ein- und Austrittstemperaturen zu Abb. 4.19

4.4.3. Ermittelung der Nußelt-Zahl und des Wärmeübergangskoeffizienten

Bei allen praktischen Berechnungen zu Wärmetauschern oder sonstigen Rohren werden vereinfachte, eindimensionale Modelle zur schnelleren Auslegung wie bei Baier [BD05] und Roetzel und Spang [RS02] verwendet. Im thermischen Einlauf kann ein steilerer wandnormaler Temperaturgradient nahe der Wand vorliegen; dies äußert sich dann in einem lokal größeren Wärmeübergangskoeffizienten α. Alle Vorgänge, die sich im Querschnitt abspielen, werden in den Wärmeübergangskoeffizienten projiziert. Beim eindimensionalen Modell werden alle Größen über den Querschnitt gemittelt betrachtet, T_F ist die über den Querschnitt gemittelte Temperatur und u_m die mittlere Geschwindigkeit des Fluids. T_W ist die Wandtemperatur. Zur Herleitung eines mathematischen Modells werden die

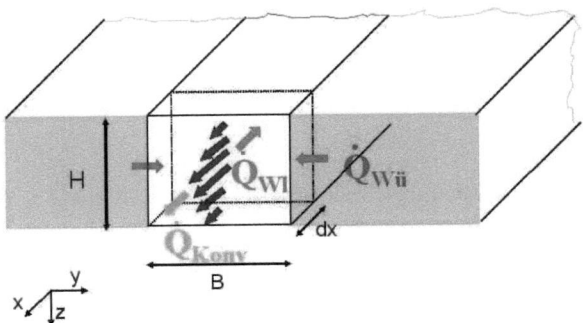

Abbildung 4.20.: Darstellung Energiebilanz, $\dot{Q}_{Wl}$: Wärmestrom durch Wärmeübergang von der Wand auf das Fluid, $\dot{Q}_{Wl}$: konduktiver Wärmestrom, $\dot{Q}_{Konv}$: konvektiv transportierter Wärmestrom

relevanten Wärmeströme $\dot{Q}$ in ein in Strömungsrichtung x infinitesimal schmales Volumenelement $dV = dxBH$ des Kanals, wie in Abbildung 4.20 dargestellt, betrachtet. B und H sind die Kanalbreite und -höhe. Quer zum Kanal werden alle Größen als konstant angenommen, betrachtet wird die Änderung der Bilanzgrößen in Strömungsrichtung. Es wird eine stationäre, laminare Strömung mit den konstanten Materialeigenschaften Dichte ρ, Wärmekapazität c_p und Wärmeleitfähigkeit λ und konstante Geschwindigkeit und Temperatur senkrecht zum Kanal angenommen. Für die Änderung des Wärmeübergangs $\dot{Q}_{Wü}$ in Strömungsrichtung von der Kanalwand auf das Fluid gilt:

$$\frac{\partial \dot{Q}_{Wü}}{\partial x} = 2H\alpha(T_W - T_F). \tag{4.8}$$

Für die Änderung des konvektiv transportierten Wärmestromes gilt:

$$\frac{\partial \dot{Q}_{Konv}}{\partial x} = HB\rho c_p u_m \frac{\partial T_F}{\partial x}. \tag{4.9}$$

Für die Änderung des konduktiven Wärmestromes gilt:

$$\frac{\partial \dot{Q}_{Wl}}{\partial x} = HB\lambda \frac{\partial^2 T_F}{\partial x^2}. \tag{4.10}$$

Bilanziert man nun die Wärmeströme, erhält man die folgende differentielle Energieerhaltungsgleichung:

$$\frac{2\alpha(T_W - T_F)}{B} = \rho c_p u_m \frac{\partial T_F}{\partial x} - \lambda \frac{\partial^2 T_F}{\partial x^2}. \tag{4.11}$$

Durch Skalierung der physikalisch relevanten Größen mit geeigneten Bezugsgrößen werden sie dimensionslos:

$$x^* = \frac{x}{d_h}, u^* = \frac{u_m}{U}, T^* = \frac{T - T_{min}}{T_{max} - T_{min}}. \tag{4.12}$$

Durch die Normierung verläuft die Temperatur zwischen den Werten $0 \leq T^* \leq 1$ und die Lauflänge zwischen den Werten $0 \leq x^* \leq 86,75$. Da die Dichte näherungsweise konstant ist, existiert im Kanal bei stationärer Strömung nur die eine Geschwindigkeit $U = u_m$, sodass sich für $u^* = 1$ ergibt. Analog ist das Vorgehen für den Differentialoperator ∂:

$$\frac{\partial}{\partial x^*} = \frac{d_h \partial}{\partial x}. \tag{4.13}$$

4.4 Versuchsauswertung und Ergebnisse

Mit den so definierten dimensionslosen Größen in Gleichung 5.4 und 5.5 lässt sich Gleichung 4.11 umformen in

$$\alpha = \frac{B}{d_H} \frac{1}{2(T_W^* - T_F^*)} \rho c_p U \left(u^* \frac{\partial T_F^*}{\partial x^*} - \frac{1}{Pe} \frac{\partial^2 T_F^*}{\partial x^{*2}} \right), \quad (4.14)$$

wobei die Péclet-Zahl Pe die dimensionslose Kennzahl ist, die das Verhältnis zwischen Konvektion und Diffusion angibt. Sie ist mit der Reynolds-Zahl und der Prandtl-Zahl verknüpft durch $Pe = \frac{u_m L}{a} = \frac{u_m \rho c_p L}{\lambda} = RePr$. Als charakteristische Länge L wird der hydraulische Durchmesser d_H eingesetzt. Bei der vorliegenden Arbeit kommen nur Péclet-Zahlen $Pe > 1500$ vor. Die Größenordnungsabschätzung der einzelnen Terme ergibt, dass der diffusive Term (der letzte Term auf der rechten Seite der Gleichung 4.14) mindestens um diesen Faktor kleiner ist als der konvektive Term und deshalb im Vergleich zu diesem vernachlässigt werden kann. Durch Vernachlässigung des diffusiven Terms kann Gleichung 4.11 vereinfacht werden:

$$\alpha = \frac{B}{2(T_W - T_F)} \rho c_p \left(u_m \frac{\partial T_F}{\partial x} \right). \quad (4.15)$$

Die Funktionen für die Wandtemperatur $T_W(x)$ und die Fluidtemperatur $T_F(x)$ lassen sich aus den Messwerten, die nur an bestimmten Stellen im Kanal vorliegen, in Form von Exponentialfunktionen durch Ausgleichsrechnungen nach dem Gauß-Markow-Modell (Methode der kleinsten Quadrate) ermitteln. Dabei werden für die einzelnen Reynolds-Zahlen Regressionsfunktionen der Form $T_W(x, Re) = (34 - ae^{-bx})\,°C$ und $T_F(x) = T_W(x) - (ce^{-dx})\,°C$ angenommen.

Die Konstanten a, b, c, d werden durch Regressionsanalyse ermittelt. In den Abbildungen 4.21 und 4.22 werden die Messwerte (einzelne Symbole) und die ermittelten Regressionsfunktionen (durchgezogene Linie) dargestellt. Die Koeffizienten a, b, c, d für die einzelnen Reynolds-Zahlen und das Bestimmheitsmaß R sind in Tabelle 4.4 dargestellt. Mit den Funktionen $T_W(x)$ und $T_F(x)$ kann $\alpha(x)$ aus Gleichung 4.15 analytisch hergelei-

Re	a	b	R^2	c	d	R^2	σ_m
301	3,9252	26,866	1	$4,623 \pm 0,007$	$31,195 \pm 0,13$	0,97	$0,18\,°C$
605	4,9719	21,992	0,99	$4,316 \pm 0,003$	$26,373 \pm 0$	0,95	$0,18\,°C$
1106	6,1047	21,017	0,99	$3,526 \pm 0,002$	$8,1021 \pm 0$	0,92	$0,17\,°C$

Tabelle 4.4.: Koeffizienten a, b, c, d für die einzelnen Reynolds-Zahlen, das Bestimmheitsmaß R^2, die Standardabweichung σ_m zwischen den Messwerten und den per Regressionsfunktion ermittelten Werten

tet werden. Aus den lokalen Wärmeübergangskoeffizienten lässt sich nach der folgenden

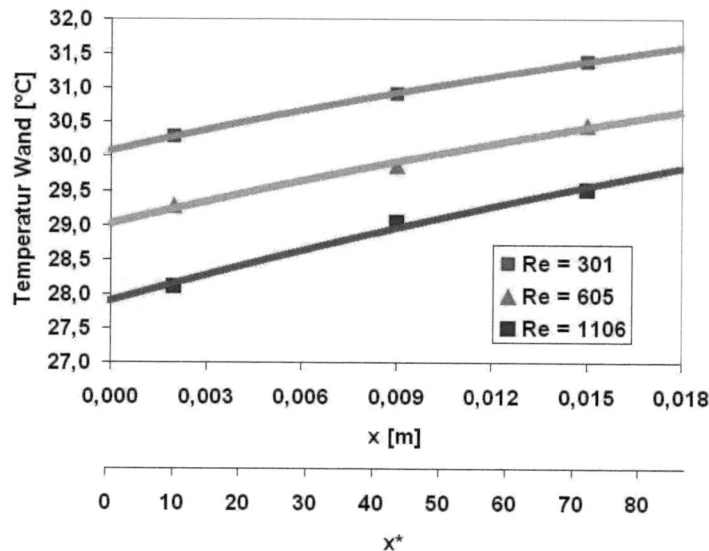

Abbildung 4.21.: Wandtemperatur

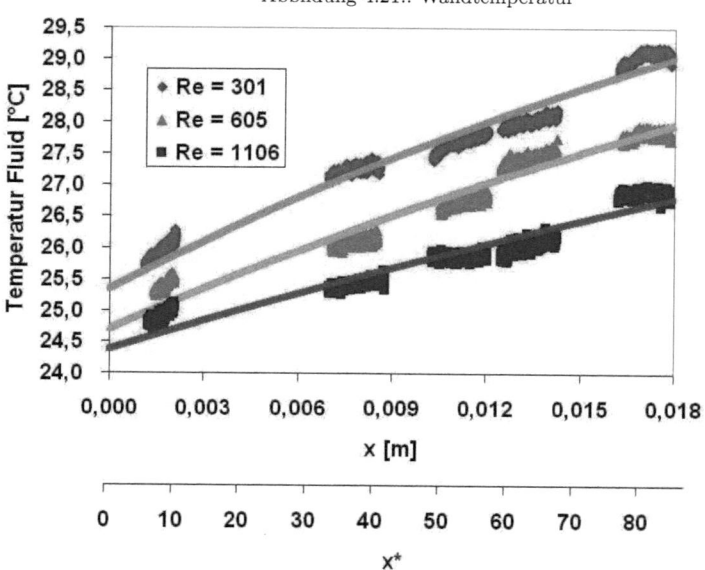

Abbildung 4.22.: Fluidtemperatur

4.4 Versuchsauswertung und Ergebnisse

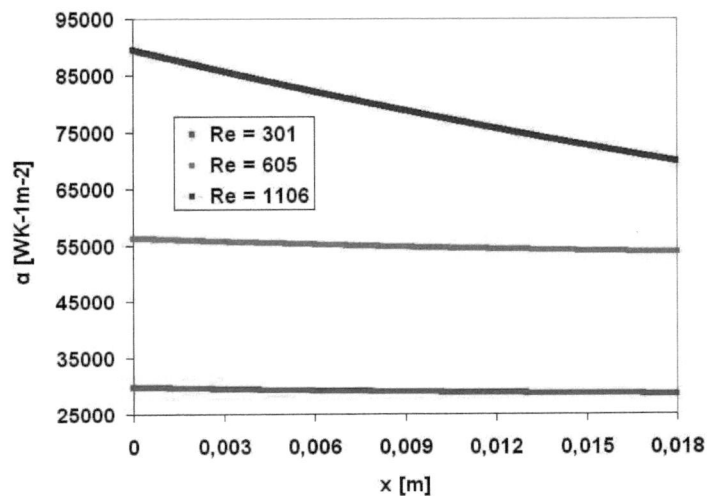

Abbildung 4.23.: Lokaler Wärmeübergangskoeffizient

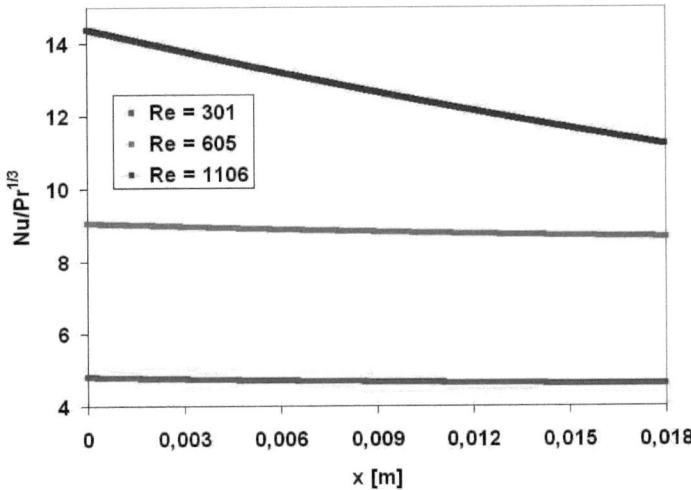

Abbildung 4.24.: Lokale Nußelt-Zahl

Formel ein mittlerer Wärmeübergangskoeffizient ermitteln:

$$\alpha_m = \frac{1}{L} \int_0^L \alpha(x) dx \,. \quad (4.16)$$

Reynolds-Zahl	301	605	1106
Mittlere Wärmeübergangskoeffizient $\alpha_m [W/Km^2]$	27808	54908	79027
Mittlere Nußelt-Zahl $NuPr^{-1/3}$	4,47	8,83	12,70

Tabelle 4.5.: Mittlerer Wärmeübergangskoeffizient und mittlere Nußelt-Zahl.

Die lokalen Wärmeübergangskoeffizienten in Abbildung 4.23 sind von ihren Werten zueinander konsistent. Da die Wandtemperatur nicht konstant ist, sondern nach Abbildung 4.21 am Einlauf höher ist als am Austritt, nimmt die treibende Temperaturdifferenz ab und die Funktionen der lokalen Wärmeübergangskoeffizienten, bzw. der Nußelt-Zahlen, werden flacher.

4.4.4. Fehlerminimierung und Fehlerabschätzung

Jeder der erhobenen Messwerte ist mit systematischen und zufälligen Fehlern behaftet, die nach den Gesetzen der Fehlerfortpflanzung in weitere daraus errechnete Größen eingehen.
Systematische Fehler (wie z.B. Unzulänglichkeit des Messgerätes beziehungsweise der Meßmethode und des Beobachters) sind bei jedem Versuch unter gleichen Bedingungen gleich groß und damit reproduzierbar. Bei der Erfassung der Wand- und der Ein- und Austrittstemperaturen werden sie dadurch verringert oder eliminiert, dass alle Thermoelemente und verwendeten Widerstandsthermometer gegen ein kalibriertes PT 100 vor Beginn der Messreihe für den auftretenden Temperaturbereich von $24\,°C - 34\,°C$ abgeglichen werden. In die errechneten Größen in der vorliegenden Arbeit gehen zudem ausschließlich Temperaturdifferenzen ein. Mögliche systematische Fehler durch den Temperaturabgleich können so weite verringert werden. Einflüsse der Raumtemperatur des Labors auf die Geometrie und die Messgeräte können als vernachlässigbar angesehen werden, da der Laboraufbau so konzipiert ist, dass erheblich Wärme generierende Geräte außerhalb des Laboraumes positioniert sind und die Temperatur mit einer Klimaanlage konstant auf $24 \pm 0,3\,°C$ gehalten wird. Die Beeinflussung der Messgröße durch das eingesetzte Messgerät stellt kann insbesondere in der Mikrosystemtechnik potentiell einen größeren systematischen Fehler darstellen, der sich nur begrenzt vermeiden oder vermindern lässt. Beim Einsatz von Thermoelementen zur Messung der Wandtemperatur wird

durch den direkten Kontakt der Thermoelemente zur Kupferplatte an der Kontaktstelle Wärme entzogen und damit die ursprünglich zu ermittelnde Temperatur verändert. Um den Fehler möglichst gering zu halten, werden Thermoelemente mit kleinstmöglicher Abmessung, das ist zurzeit ein Spitzendurchmesser von $2\,\mu m$, und geringer Wärmeleitfähigkeit eingesetzt. Die angegebenen Fehler im Fall der Widerstandsthermometer werden den entsprechenden Datenblättern entnommen. Auf die Temperaturfeldmessungen in der Nähe von Thermoelementen wird bei der Fluoreszenzmesstechnik verzichtet. Zur Vermeidung systematischer Fehler bei der Fluoreszenzmesstechnik werden umfangreiche Kalibrierungen und Normierungen (siehe Kapitel 4.3.2) durchgeführt.

Zufällige Fehler (subjektive Einflüsse des Experimentators, regellos wirkende äußere Einflüsse wie Erschütterungen durch Gebäudevibrationen oder Lüfter anderer Laborgeräte, Temperaturschwankungen) bewirken nach Schober [Sch02] eine regellose Streuung der Messwerte um einen Mittelwert. Unzulänglichkeiten der Sinnesorgane, insbesondere Fehlsichtigkeit, oder der Einfluss der Tagesform der Experimentatorin können bei der Vorliegenden Arbeit ausgeschlossen werden, da alle Messwerte computergestützt erfasst und weiterverarbeitet werden. Die einzige Ausnahme ist die Abmessung der Farbstoffmenge. Zudem wird versucht möglichst viele Bedingungen, deren Einfluss nicht genau eruierbar ist, konstant zu halten, wie die Raumtemperatur, die Feuchte und die Geometrie des Versuchsaufbaus (Berührungen werden bis auf das nicht vermeidbare Öffnen und Schließen der Ventile vermieden, eine Automatisierung ist in einem aufwändigeren Versuchsaufbau möglich).

4.4.5. Einflüsse aufgrund variabler Anregungslichtintensität

Beim Kalibrierungsverfahren wird von einer konstanten Lichtintensität ausgegangen. Da ein Messversuch etwa 8 Stunden dauert, werden die Untersuchungen zur Konstanz der Lichtintensität über diesen Zeitraum jeweils Rhodamin B und Sulforhodamin durchgeführt. In diesem Zeitraum werden elf Messserien im Abstand von etwa 48 Minuten mit jeweils 25 Einzelbildern aufgenommen. Die Belichtungszeit beträgt dabei bei Rhodamin B 40 ms und bei Sulforhodamin 25 ms, weil letzteres stärker fluoresziert. Die Messungen erfolgen im isothermen Zustand des gesamten Messaufbaus, das bedeutet Block-, Schienen- und Fluidtemperatur liegen konstant bei 24 °C, mit einer Reynolds-Zahl von etwa $Re = 300$. Von den beiden in den Versuchen verwendeten Objektiven wird das Leica HCX PL FL Planobjektiv mit 20facher Vergrößerung und einer numerischen Apertur von 0.40 eingesetzt, da es aufgrund der geringeren Schärfentiefe sensitiver hinsichtlich Schwankungen des Messaufbaus ist als das Objektiv mit der 5fachen Vergrößerung. Die

Bilder einer Einzelserie werden summiert, die Summenbilder vor der weiteren Auswertung ausgerichtet und die Intensitätsprofile über den erfassten Kanalabschnitt senkrecht zur Wand extrahiert und dargestellt (jeweils auf der linken Seite der Abbildungen 4.25 und 4.26). Die 11 Messreihen sind dabei in 11 verschiedenen Farben dargestellt. Von den

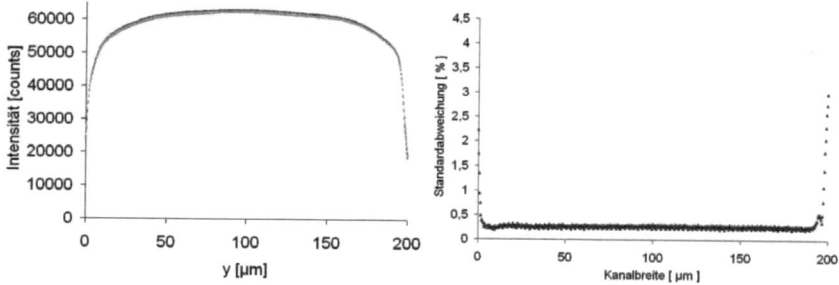

Abbildung 4.25.: li. S.: Intensitätsprofile Sulforhodamin, re. S.: rms-Werte (root-mean-Square) Sulforhodamin.

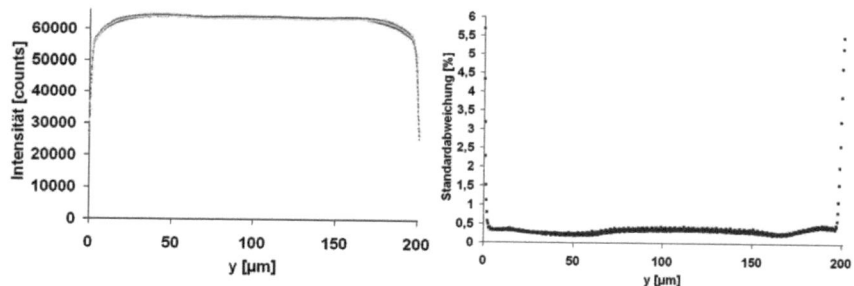

Abbildung 4.26.: li. S.: Intensitätsprofile Rhodamin B, re. S.: rms-Werte (root-mean-Square) Rhodamin B .

aufgenommenen Intensitätsprofilen wird für jede Position y senkrecht zur Kanalwand die Standardabweichung errechnet ($\sigma(I)$) und mit dem Mittelwert an der gleichen Position normiert und jeweils auf der rechten Seite der Abbildungen 4.25 und 4.26 in Prozent $\frac{\sigma(I(y))\,100}{I(y)}$ dargestellt. Bildet man den Mittelwert der Standardabweichung über die ganze Kanalbreite kommt man zu den Abweichungen in Tabelle 4.6. In diese Messungen gehen die Variationen der eingestellten Temperatur, die Variationen der Lichtquelle, sowie die Genauigkeit des CCD-Chips der Kamera ein. Da Sulforhodamin, im Gegensatz zu Rhodamin B, temperaturunabhängig fluoresziert, letzteres aber eine kleinere Standardabweichung besitzt, sind Temperaturschwankungen im Kanal vernachlässigbar. Dies ist auch konsistent mit den am Ein- und Austritt erfassten Temperaturschwankungen, die unter

4.4 Versuchsauswertung und Ergebnisse

$0,02\,°C$ liegen. Eine zeitliche Tendenz ist bei den Zeitreihen nicht feststellbar, das heißt eine Abnahme der Lichtintensität mit der Zeit lässt sich bei der Xenonlampe nicht feststellen. Die höheren Standardabweichungen bei Rhodamin B liegen aber noch im Rahmen der Schwankung der Standardabweichungen. Die sehr hohen Werte im Bereich bis $3\,\mu m$ an die Kanalwände heran mit bis zu über 5 % lassen sich zum Einen durch Schwankungen des Messaufbaues erklären. Aufgrund der Digitalisierung der Intensitätsfelder lassen sie sich mit der oben beschriebenen Methode nicht mehr ganz exakt ausrichten. Zum Anderen ist aufgrund der Abschattung an den Kanalwänden das Signal-Rausch-Verhältnis besonders klein. Da eine Intensitätsänderung von 5 % einer Temperaturänderung von mehr als $2\,°C$ entspricht, sind die Daten bis $3\,\mu m$ an den Kanalrand nicht mehr verwertbar, auf Seite 62 finden sich dazu weitere Erklärungen.

	Rhodamin B	Sulforhodamin
Kanalbereich $3-197\mu m$	$0,27 \pm 0,06$ %	$0,32 \pm 0,04$ %
gesamte Kanalbreite	$0,32$ %	$0,37$ %

Tabelle 4.6.: Mittlere Abweichung der Messungen.

4.4.6. Fehler einzelner Messwerte

Messgröße	Genauigkeit
Höhe H	$\sigma_H = \pm 5\mu m$
Breite B	$\sigma_B = \pm 5\mu m$
Länge l	$\sigma_l = \pm 300\mu m$
Massenfluss $\dot{m}$	$\sigma_{\dot{m}} = \pm 50\mu g/s$
Einlauftemperatur T_A	$\sigma_{T_A} = \pm 0,5\,°C$
Austrittstemperatur T_E	$\sigma_{T_E} = \pm 0,5\,°C$
Wandtemperatur T_W	$\sigma_{T_W r} = \pm 0,1\,°C$
Lichtintensität $I_{Absolut}$	$\sigma_I\% = \pm 0,3$
Lichtintensität I_{Korr2}	$\sigma_{I_{Korr2}}\% = \pm 0,3$

Tabelle 4.7.: Fehler der Eingangsgrößen.

Die Auswirkung von fehlerbehafteter Eingangsgrößen x, y und z auf die daraus resultierende Größe $F = F(x,y,z)$ wird mit Hilfe der Fehlerfortpflanzungsrechnung analysiert. Für die Fortpflanzung der Varianzen der Eingangsgrößen ergibt sich nach dem Gaußschen Fehlerfortpflanzungsgesetz für die Gesamtstandardabweichung der resultierenden Größe F:

$$\sigma_F^2 = \left(\left.\frac{\partial F}{\partial x}\right|_{\bar{x}}\right)^2 \sigma_x^2 + \left(\left.\frac{\partial F}{\partial y}\right|_{\bar{y}}\right)^2 \sigma_y^2 + \left(\left.\frac{\partial F}{\partial z}\right|_{\bar{z}}\right)^2 \sigma_z^2. \tag{4.17}$$

Dabei wichten die jeweiligen lokalen Empfindlichkeiten $\frac{\partial F}{\partial i}|_i$ die Eingangsstandardabweichungen, die Eingangsvarianzen σ_i^2. Die erhobenen Messwerte sind in Tabelle 4.7 mit der absoluten Genauigkeit dargestellt. In Tabelle 4.8 sind die Standardabweichungen der daraus errechneten Größen dargestellt. Dabei werden der gesamte Temperaturbereich von $24-34\,°C$ und der Reynolds-Zahlbereich von $Re = 300-1100$ betrachtet. Bei der Berechnung der Standardabweichung des Wärmeübergangskoeffizienten wird für den Fehler der lokalen Fluidtemperatur der größte ermittelte Wert von $0,23\,°C$ gewählt. Die Abweichung zwischen Messwerten und Regressionsfunktion beträgt maximal $0,18°C$. Die Ableitung $\frac{\partial T_F}{\partial x}$ wird gesondert in Tabelle 4.9 behandelt. Als die mit Abstand größte Fehlerquelle bei der Fehlerbetrachtung insbesondere bei der Geschwindigkeit und der Reynolds-Zahl erweisen sich die Höhe und Breite des Kanals. Hier wird erst in Zukunft mit verbesserten Materialbearbeitungsmethoden eine Verringerung der Abweichung dieser Werte erzielt werden können. Da die Kanalwände parallel zueinander sein müssen, kann der vorliegende Kanal nicht mit Ätzverfahren oder Laserschneiden erzeugt werden, da bei beiden Verfahren eine Trichterbildung auftritt.

Größe	Formel	σ_1
Hydr. Durchmesser	$d_{hydr} = \frac{2HB}{H+B}$	$\frac{\sigma_{d_{hydr}}}{d_{hydr}} = 6,25\%$
Querschnittsfläche	$A_q = HB$	$\frac{\sigma_{A_q}}{A_q} = 3,53\%$
mittlere Fluidtemperatur	$T_m = \frac{T_E+T_A}{2}$	$\sigma_{Tm} = 0,35°C$
lokale Fluidtemperatur	$T(I_{Korr2}) = a * I_{Korr2}^2 + b * I_{Korr2} + c$	$\sigma_{Tf} = 0,09...0,23°C$
kinematische Viskosität	$\nu(T) = 1,679 \cdot 10^{-6} e^{-2,5589 \cdot 10^{-2}T}$	$\frac{\sigma_\nu}{\nu} = 0,89\%$
Dichte	$\rho(T) = 1002,7547 \, e^{-2,2436 \cdot 10^{-4}T}$	$\frac{\sigma_\rho}{\rho} = 0,008\%$
Strömungsgeschwindigkeit	$v = \frac{\dot{m}}{A_q \rho}$	$\frac{\sigma_v}{v} = 3,35..3,53\%$
Temperaturleitfähigkeit	$a(T) = 1,3133 \cdot 10^{-7} e^{4,25 \cdot 10^{-3}T}$	$\frac{\sigma_a}{a} = 0,14..0,16\%$
Wärmeleitfähigkeit	$\lambda(T) = 0,5589 \, e^{3,20012 \cdot 10^{-3}T}$	$\frac{\sigma_\lambda}{\lambda} = 0,11\%$
lokaler Wärmeübergangskoeffizient	$\alpha = \frac{B}{2(T_W-T_F)} \rho c_p (u \frac{\partial T_F}{\partial x})$	$\frac{\sigma_\alpha}{\alpha} = 7,05...7,2\%$
Wärmeübertragende Fläche	$A_{Wü} = Hl$	$\frac{\sigma_{A_{Wü}}}{A_{Wü}} = 0.11\%$
Reynolds-Zahl	$Re = \frac{v d_{hydr}}{\nu}$	$\frac{\sigma_{Re}}{Re} = 7,14..7,23\%$
Nußelt-Zahl	$Nu = \alpha \frac{d}{\lambda}$	$\frac{\sigma_{Nu}}{Nu} = 7,4..7,7\%$
Prandtl-Zahl	$Pr = \frac{\nu}{a}$	$\frac{\sigma_{Pr}}{Pr} = 0,15\%$

Tabelle 4.8.: Ergebnisse der Fehlerbetrachtung .

4.4 Versuchsauswertung und Ergebnisse

Re	$\sigma_{\partial T_f/\partial x}(x=0,001\,m)$	$\sigma_{\partial T_f/\partial x}(x=0,008\,m)$	$\sigma_{\partial T_f/\partial x}(x=0,018\,m)$
301	$0,602744\,°Cm^{-1}$	$0,365738\,°Cm^{-1}$	$0,195197\,°Cm^{-1}$
605	$0,0770597\,°Cm^{-1}$	$0,0624019\,°Cm^{-1}$	$0,049217\,°Cm^{-1}$
1106	$0,0159138\,°Cm^{-1}$	$0,0149248\,°Cm^{-1}$	$0,0138853\,°Cm^{-1}$
Re	$\frac{\sigma_{\partial T_f/\partial x}(x=0,001\,m)}{\partial T_f/\partial x}$	$\frac{\sigma_{\partial T_f/\partial x}(x=0,009\,m)}{\partial T_f/\partial x}$	$\frac{\sigma_{\partial T_f/\partial x}(x=0,018\,m)}{\partial T_f/\partial x}$
301	$0,248612\,\%$	$0,190769\,\%$	$0,132542\,\%$
605	$0,0353766\,\%$	$0,0347676\,\%$	$0,0340825\,\%$
1106	$0,0103545\,\%$	$0,0112637\,\%$	$0,0123568\,\%$

Tabelle 4.9.: Die Standardabweichung σ von $\frac{\partial T_F}{\partial x}$ aufgrund der Fehler bei der Bestimmung der Regressionsfunktion für die einzelnen Reynolds-Zahlen an unterschiedlichen Positionen x im Kanal.

5. Numerische Simulation

5.1. Mathematische Modellierung

Ziel der Modulierung ist es, dass Temperaturfeld im Mikrokanal zu berechnen und es mit den experimentellen Ergebnissen zu vergleichen.

5.1.1. Simulationsgebiet

Die Eintritts- und die Randbedingungen des Experiments sollen sorgfältig in der Rechnung mitberücksichtigt werden. Deshalb soll das Temperaturfeld in allen angrenzenden Materialien, wie Plexiglasdeckel, Plexiglasboden und die beiden Kupferplatten, dargestellt in Abbildung 5.2 berechnet werden. Das Strömungs- und Temperaturfeld soll nicht nur im Mikrokanal, sondern auch im Zulauf und im Auslaufkanal, dargestellt in Abbildung 5.1, berechnet werden, um korrekte Eintritts- und Austrittsbedingungen für den Mikrokanal zu erhalten. In dem dargestellten Simulationsgebiet wurden Ein- und Auslaufrohr geometrisch vereinfacht, um ein strukturiertes Hexaedernetz für die Vernetzung anwenden zu können. Ein Koordinatensystem mit Achsen in tangentialer Richtung zur Kanalwand und in normaler Richtung zu Boden und Wänden wird zugrunde gelegt.

5.1.2. Grundgleichungen

Da Kanäle mit sehr kleiner charakteristischen Längen betrachtet werden, ist bereits in Kapitel 2.3 an Hand der Knudsen-Zahl geprüft worden, dass die Anwendung der Kontinuumstheorie gerechtfertigt ist und mit den Navier-Stokes-Gleichungen mit Haftbedingung gerechnet werden kann.

Weiterhin ist zu prüfen, ob ein laminares oder turbulentes Strömungsregime vorliegt. Die berechneten Reynolds-Zahlen im Mikrokanal (gebildet mit dem hydraulischen Kanaldurchmesser) im Bereich von $Re = 300$ liegen deutlich unter der für Kanalströmungen bekannten kritischen Reynoldszahl von $Re = 2300$, sodass im interessierenden Mikrokanalbereich von einer laminaren Strömung ausgegangen werden kann. Im Ein- und Auslauf zeigt sich zwar eine turbulente Strömung, ausführlicher in Kapitel 5.2 dargestellt, aber dieser Bereich ist für den Wärmeübergang im Mikrokanal unerheblich.

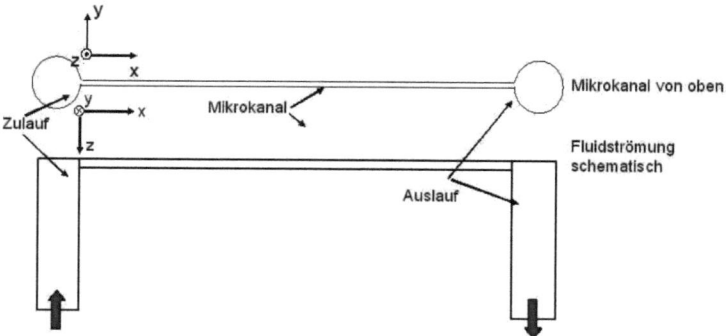

Abbildung 5.1.: Simulationsgebiet Geschwindigkeits- und Temperaturfeld im Fluid.

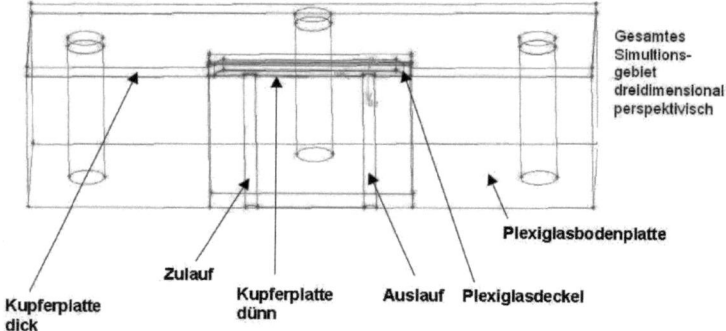

Abbildung 5.2.: Simulationsgebiet: Temperaturfeld in Bodenplatte, Kupferplatte und Deckplatte.

Aus der experimentellen Daten und den Überlegungen zur Dichte in Kapitel 5.1.5 ergibt sich das Problem als eine stationäre Strömung eines inkompressiblen, newtonschen Fluids. Die Viskosität wird als konstant angenommen, aber aus dem entsprechenden Experiment aus der mittleren Temperatur im Mikrokanal berechnet und in der Rechnung berücksichtigt. Die Schwerkraft und die Dissipation als Wärmequelle werden vernachlässigt. Das Geschwindigkeitsfeld und das Temperaturfeld im Kanal und in der Kanalwand sind gesucht.

Durch ein genügend kleine Auflösung und Diskretisierung können die Transportprozesse durch Lösung der Navier-Stokes-Gleichungen abgebildet werden. Unter den dargestellten Voraussetzungen und Annahmen vereinfachen sich die Navier-Stokes-Gleichungen zur

5.1 Mathematische Modellierung

Erhaltung von Masse, Impuls und Energie folgendermaßen

$$\vec{\nabla} \cdot \vec{u} = 0 \tag{5.1}$$

$$(\vec{u} \cdot \vec{\nabla})\vec{u} = -\frac{1}{\rho}\vec{\nabla}p + \nu\Delta\vec{u} \tag{5.2}$$

$$0 = -\rho c_P \vec{u}\vec{\nabla}T + \lambda\Delta T. \tag{5.3}$$

Bei konstanter Viskosität kann die Impulsgleichung und die Kontinuitätsgleichung unabhängig von der Temperatur für das Geschwindigkeits- und das Druckfeld gelöst werden. Mit dem Geschwindigkeitsfeld kann dann im zweiten Schritt das Temperaturfeld aus der Energiegleichung berechnet werden. Dadurch wird durch Einsparung von Iterationen erheblich Rechenzeit eingespart. Da das Problem symmetrisch zu einer Symmetrieebene in der x,z-Ebene in der Kanalmitte ist, wird nur die halbe Geometrie, wie in Abbildung 5.2 dargestellt, berechnet.

5.1.3. Dimensionsanalyse des Problems

Nach geeigneter Skalierung der Grundgleichungen mit Bezugsgrößen ist es möglich, dominante, bzw. vernachlässigbare Effekte für bestimmte Bereiche des Lösungsgebietes oder das gesamte Lösungsgebiet zu identifizieren. Die Skalierung der Gleichungen hat zudem für numerische Verfahren den Vorteil, dass alle Terme (bis auf eventuell auftretende Vorfaktoren) von der Größenordnung 1 sind. Das bedeutet nach Meisel [Mei04] schnellere Konvergenz und kleinere Rundungsfehler. Skaliert man die auftretenden Größen mit den ausgewählten Bezugsgrößen, wie etwa der Geschwindigkeitsvektor $\vec{u}$ mit der mittleren Geschwindigkeit U und der Ortsvektor $\vec{x}$ mit dem hydraulischen Kanaldurchmesser d_H erhält man die dimensionslosen Größen:

$$\vec{x}^* = \frac{\vec{x}}{d_h}, \; u^* = \frac{\vec{u}}{U}. \tag{5.4}$$

Analog ist das Vorgehen für den Nablaoperator ∇ und den Druck:

$$\vec{\nabla}^* = \vec{\nabla} d_h, \; p^* = \frac{p}{\rho U^2}. \tag{5.5}$$

Einsetzen in die Kontinuitätsgleichung 5.1 und in die stationäre Navier-Stokes-Gleichung 5.2 führt zu der folgenden dimensionslosen Form, wobei die Sterne der Übersichtlichkeit wegen, weggelassen wurden:

$$\vec{\nabla} \cdot \vec{u} = 0 \tag{5.6}$$

$$(\vec{u} \cdot \vec{\nabla})\vec{u} = -\vec{\nabla}p + \frac{1}{Re}\Delta\vec{u}. \tag{5.7}$$

Die Reynoldszahl Re wird dabei mit dem hydraulischen Durchmesser des Kanals d_h gebildet:

$$Re = \frac{\rho U d_h}{\eta}. \qquad (5.8)$$

η ist die dynamische Viskosität. Auch die Energiegleichung 5.3 wird skaliert. Die Temperatur wird mit einer für das Problem typischen Temperaturdifferenz, wie der Differenz der angenommen maximal und der minimal auftretenden Temperatur skaliert.

$$T^* = \frac{T - T_{min}}{T_{max} - T_{min}}. \qquad (5.9)$$

Damit erhält man, eingesetzt in die Energiegleichung 5.3, folgende dimensionslose Gleichung:

$$\vec{u}\vec{\nabla}T = \frac{1}{Pr\,Re}\Delta T, \qquad (5.10)$$

wobei für die Prandtl-Zahl gilt $Pr = \frac{\mu c_p}{\lambda}$ und für die Reynolds-Zahl $Re = \frac{u d_h}{\nu}$ gilt.

5.1.4. Unterschiedliche Materialien

Das Temperaturfeld soll außer im Bereich des Fluids (Index 1) auch in den Bereichen eines angrenzenden Materials (Index 2) mit anderen Materialeigenschaften berechnet werden. Bei einem Festkörper fällt dabei der konvektive Terme in der Gleichung 5.3 weg. Um eine Konsistenz der dimensionslosen Gleichungen bei unterschiedlichen Materialien zu gewährleisten, wird die gleiche Skalierung mit den Gleichungen 5.4, 5.5 und 5.9 in allen vorkommenden Materialien durchgeführt. Zwischen zwei Materialien 1 und 2, die aneinander angrenzen, gilt Kontinuität für die Temperatur $T_1 = T_2$ an der Grenzfläche. Für den Wärmestrom gilt $-\lambda_1 T1_{,j} n1_j = -\lambda_2 T2_{,j} n2_j$. Daraus ergibt sich :

$$T_1^* = T_2^*, \quad \frac{\lambda_1^*}{\lambda_2^*} = \frac{\lambda_1}{\lambda_2}. \qquad (5.11)$$

Gleichung 5.10 lautet dann für das angrenzende Material im Falle eines Festkörpers:

$$0 = \frac{\lambda_2}{\lambda_1}\frac{1}{Pr\,Re}\Delta T, \qquad (5.12)$$

5.1.5. Temperaturabhängigkeit der Stoffeigenschaften von Wasser

Die kinematische Viskosität ν und die Dichte ρ des Versuchsmediums Wasser hängen von der Temperatur ab, sie lassen sich nach Koster [Kos80] schreiben als:

$$\nu(T) = 1,679 \cdot 10^{-6} e^{-2.5589 \cdot 10^{-2} T} \qquad (5.13)$$

$$\rho(T) = 1002,7547\, e^{-2.2436 \cdot 10^{-4} T} \qquad (5.14)$$

Rechnet man anhand dieser Formel die Stoffwerte für die minimal auftretende Temperatur von 24°C, bzw. die maximal auftretende Temperatur von 34°C aus, gelangt man zu zu den Werten in Tabelle 5.1. Die Werte für die Wärmekapazität c_p und der Wärmeleitwert λ sind bei Baehr und Stefan [BS06] entnommen.

	ρ kgm^{-3}	μ $kgm^{-1}s^{-1}$	ν m^2s^{-1}	c_p $KJkg^{-1}K^{-1}$	λ $WK^{-1}m^{-1}$
24°C	997,3697	9,0613e − 3	9,0852e − 07	4,179	0,60548
34°C	995,1346	6,9998e − 03	7,0340e − 07	4,177	0.62174

Tabelle 5.1.: Stoffwerte von Wasser bei $p = 1$ bar.

Anhand Tabelle 5.1 ist ersichtlich, das die kinematische Viskosität ν nicht mehr als konstant angenommen werden kann, da sie mit der Temperatur variiert. Allerdings ändert sich die mittlere Fluidtemperatur entlang des Kanals nur um maximal 3°C, wie in Abbildung 4.23 dargestellt. Diese Temperaturwerte entlang des Kanals werden gemittelt, damit die mittlere Viskosität nach der Formel 5.13 ermittelt und diese bei der Simulationsrechnung eingesetzt.

5.1.6. Software

Zur Netzgenerierung wird das Programm Gambit 3.0 der Firma Ansys verwendet. Die gesamte Geometrie wird mit einem strukturierten Netz mit 700000 Hexaederzellen vernetzt, wobei auf den Mikrokanal selbst 40000 und jeweils 70000 auf den Ein- und den Auslaufkanal entfallen. In der vorliegenden Arbeit kommt das kommerzielle Finite-Elemente-Programm FIDAP 8.7.0. zum Einsatz. Die Berandung kann in guter Näherung als adiabat angenommen werden.

5.2. Numerische Instabilitäten

Aufgrund der vorliegenden Geometrie bildet die Strömung beim Austritt aus dem Mikrokanal in das Auslaufrohr einen Freistrahl. Die instationäre Rechnung bestätigt dies und zeigt einen Staupunkt auf der gegenüberliegenden Wand, der seine Position periodisch mit der Zeit ändert. Am Einlauf zeigt die instationäre Rechnung auch ein schwankendes Rückstromgebiet zu zwei verschiedenen Zeitpunkten bei $t = 22s$ und $t = 25s$, zu sehen in der Abbildung 5.4. Die turbulente Strömung im Ein- und Auslauf kann nicht durch die stationäre Navier-Stokes Gleichung abgebildet werden. Deshalb kann keine stationäre Lösung gefunden werden. Für das Temperaturfeld im Mikrokanal spielt aber die Strömung im Ein- und Auslauf eine vernachlässigbare Rolle. Im Mikrokanal herrscht eine laminare

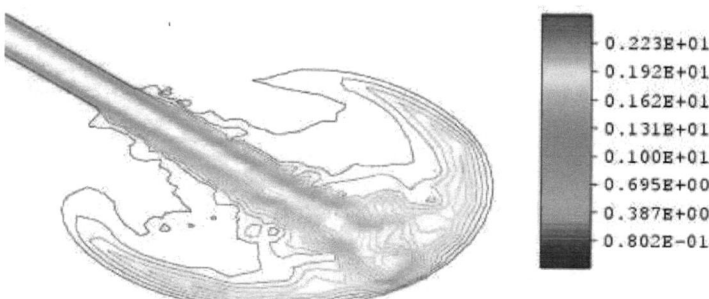

Abbildung 5.3.: Isotachen der x-Komponente der dimensionslosen Geschwindigkeit $u^* = \frac{u}{U}$ am Ende des Mikrokanals beim Eintritt in das Auslaufrohr bei $Re = 300$.

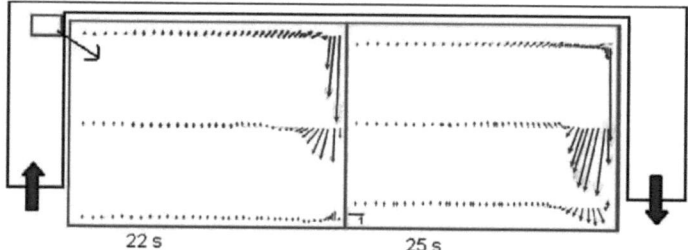

Abbildung 5.4.: Rückstromgebiet im Einlaufrohr vor Eintritt in den Mikrokanal bei $Re = 300$. nach 22 Sekunden und nach 25 Sekunden Einlaufzeit: z-Komponente der dimensionslosen Geschwindigkeit $w^* = \frac{w}{U}$

Strömung. Eine künstliche Viskosität im Ein- und Auslaufbereich führt zu einer Laminarisierung der Strömung. Auf diese Weise kann eine stationäre Rechnung durchgeführt werden.

5.3. Ergebnisse

5.3.1. Geschwindigkeit im Fluid

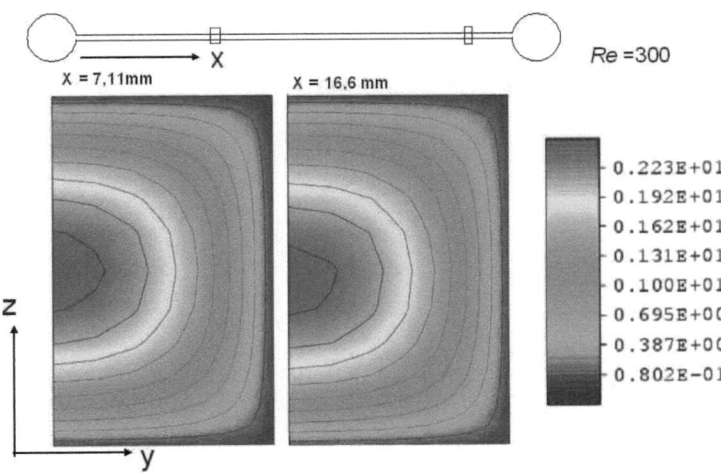

Abbildung 5.5.: Isotachen der x-Komponente der dimensionslosen Geschwindigkeit $u^* = \frac{u}{U}$ an den Positionen $x = 7,11 mm$ und $x = 16,6 mm$, halber Kanal, Schnitt in der y, z Ebene, $Re = 300$.

In Abbildung 5.5 sind die Isotachen der x-Komponente der Geschwindigkeit an zwei verschiedenen x-Positionen im Kanal dargestellt. Es besteht kein Unterschied zwischen den Positionen $x = 7,11\,mm$ und $x = 16,6\,mm$ hinsichtlich der Geschwindigkeit, die Strömung ist eingelaufen. Die Einlauflänge liegt nach Tabelle 2.1 bei einer Reynolds-Zahl von $Re = 300$ bei weniger als $L_{hy} = 6mm$ und ist damit konsistent mit den Ergebnissen aus der numerischen Simulation.

5.3.2. Temperatur in Kupferplatte und Fluid

In Abbildung 5.6 kann ein Temperaturabfall in der Kupferplatte in Richtung der Kanalwand festgestellt werden. Entlang der Kanalwand in x-Richtung kommt es ebenfalls zu einem Temperaturabfall, vergleichbar mit dem in Abbildung 4.22. Beim Fluid kann eine Erwärmung im Bereich des Einlaufrohres und des Auslaufrohres erkannt werden. Hier zeigt sich die Problematik der korrekten Randbedingungen bei Experimenten im Mikrobereich. In Abbildung 5.7 sind die Isothermen an zwei verschiedenen x-Positionen im Kanal dargestellt. Zwischen den Positionen $x = 7,11\,mm$ und $x = 16,6\,mm$ ist die

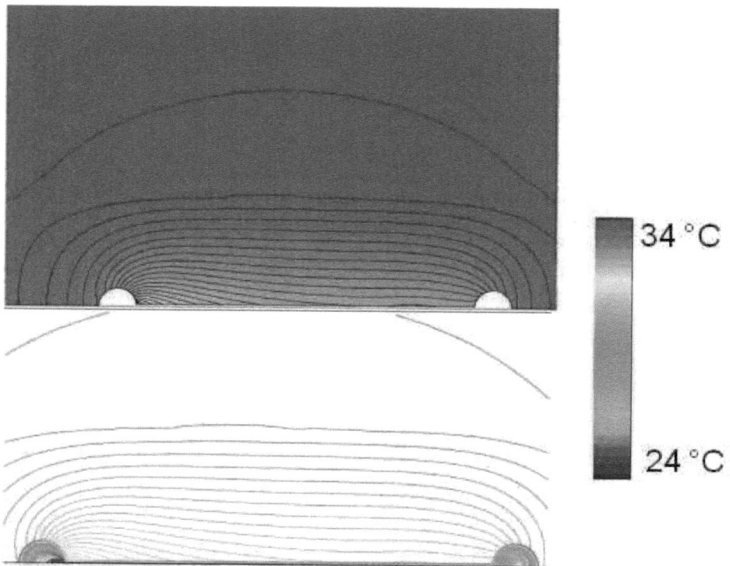

Abbildung 5.6.: Oben: Isothermen der Kupferplatte bei $Re = 300$, Unten: Isothermen der Kupferplatte und des Fluids bei $Re = 300$

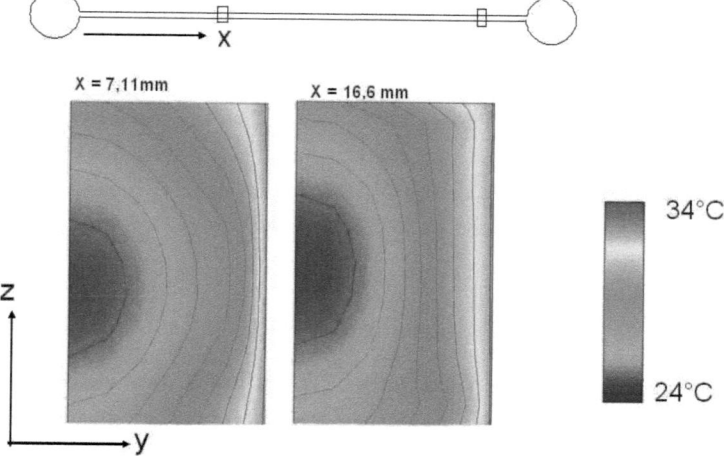

Abbildung 5.7.: Isothermen an den Positionen $x = 7,11 mm$ und $x = 16,6 mm$, halber Kanal, Schnitt in der y, z Ebene, $Re = 300$.

Temperaturgrenzschicht insbesondere in der Wandmitte in Richtung Kanalmitte angewachsen.
Die beiden Temperaturfelder an den beiden Positionen zeigen auch dass die Annahme eines symmetrischen Wärmeübergangs gerechtfertigt ist.

5.3.3. Vergleich Temperaturprofile Ein- und Zweifarbenprofile mit der Lösung aus der numerischen Simulationsrechnung

Die Ergebnisse, die in den Abbildungen 4.17 und 4.18 in Kapitel 4.4.1 dargestellt sind, werden in Abbildung 5.8 und 5.9 mit den Ergebnissen aus der numerischen Simulationsrechnung (englisch: computational fluid dynamics, CFD) verglichen. Die Temperaturgrenzschicht der Temperaturprofilen an der Kanalposition $x = 1,85\,mm$ nach dem Einlauf ist noch sehr schmal. Die Temperatur in der Kanalmitte entspricht der Einlauftemperatur. In der Kanalmitte stimmen die Werte aus der Einfarbenmethode (R), der Zweifarbenmethode (RS) in etwa mit den numerischen Ergebnissen überein. Für die Werte genau in Mitte ergibt die Einfarbenmethode $24,7\,°C$, die Zweifarbenmethode $24,9\,°C$ und die Simulation $24,4\,°C$. Im Wandbereich entspricht eher das Temperaturprofil aus der Zweifarbenmethode dem Profil aus der CFD Rechnung. An der Wand scheint die Temperatur aus der CFD Rechnung im Vergleich zu der mit den Thermoelementen ermittelten Temperatur zu hoch.
An der Position $x = 10,5\,mm$ ist die Temperaturgrenzschicht bereits bis zur Mitte gewachsen, wie in Abbildung 5.9 zusehen ist und wie bereits in Kapitel 4.4 diskutiert. Stromabwärts an der Position $x = 10,5\,mm$ kann die Zweifarbenmethode die Temperaturgrenzschicht im Vergleich zum Temperaturprofil aus der CFD Lösung besser auflösen als im Kanaleinlaufbereich. Die Brechungsindexgradienten durch Temperaturgradienten kann hier durch die Einfarbenmethode weniger gut korrigiert werden. In der Kanalmitte ($y = 100,25\,\mu m$) ergeben sich ähnliche Verhältnisse an den Positionen $x = 10,5\,mm$ und $x = 1,85\,mm$.
Allerdings wurde für CFD Rechnung konstante Viskosität angenommen. Die Viskosität nimmt jedoch bei Wasser mit steigender Temperatur ab, sodass ein Viskositätsgradient von der Wand zur Kanalmitte mit einer höheren Viskosität in der Kanalmitte und einer niedrigen an der Kanalwand entsteht. Als Konsequenz fließen im Experiment die Fluidschichten an der Wand mit höherer Geschwindigkeit und die in der Mitte mit niedrigerer im Vergleich zur CFD Rechnung. Der Geschwindigkeitsgradient an der Wand ist. Im Experiment ist die Temperatur in der Kanalmitte dann etwas größer und an der Kanalwand etwas kleiner infolge des veränderten konvektiven Wärmetransportes. Dies kann

die geringen Diskrepanzen zwischen CFD Rechnung und Experiment erklären.

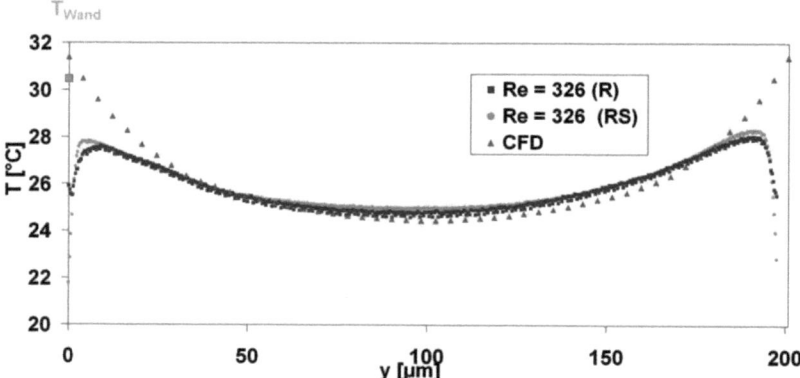

Abbildung 5.8.: Temperaturprofile, Position $x = 1,85\,mm$, $B = 200,5\,\mu m$, $H = 215\,\mu m$. aus der numerischen Simulationsrechnung (CFD) im Vergleich zu den Experimenten Ein- (R) und Zweifarbenmethode (RS), große Rechtecksymbole:mit Thermoelement ermittelte Wandtemperatur

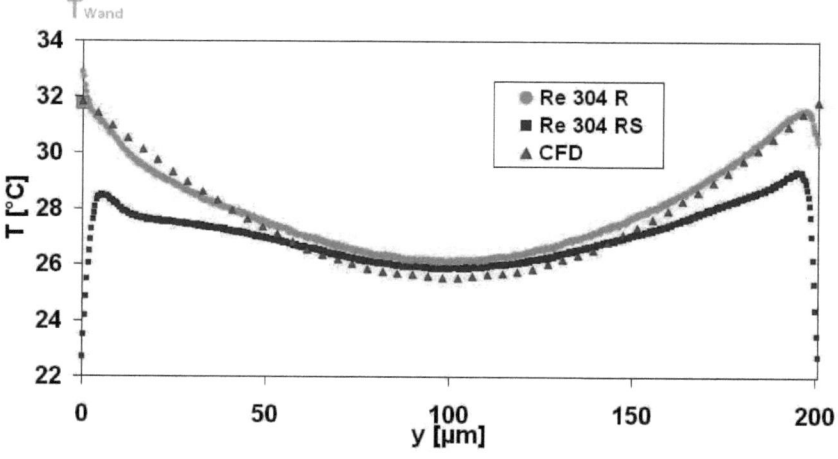

Abbildung 5.9.: Temperaturprofile, Position $x = 10,5\,mm$, $B = 200,5\,\mu m$, $H = 215\,\mu m$. aus der numerischen Simulationsrechnung (CFD) im Vergleich zu den Experimenten Ein- (R) und Zweifarbenmethode (RS), große Rechtecksymbole: mit Thermoelement ermittelte Wandtemperatur

5.3.4. Mittlere Temperatur entlang des Kanals

Aus den Temperaturfeldern, die mit der Zweifarbenmethode ermittelt werden, werden wie bereits in Kapitel 4.4.2 diskutiert die querschnittsgemittelte Temperaturprofile durch Mittelung in y-Richtung extrahiert und die Werte gegen die x-Koordinate aufgetragen. Diese Werte werden in Abbildung 5.10 mit den Werten aus der Simulationsrechnung verglichen. Bei den Werten aus der Simulationsrechnung zeigt sich eine stärker Steigung im Bereich des Einlaufes und des Austritts im Vergleich zum übrigen Kanal. Das ist damit zu erklären das die Isolierung des Deckels im Ein- und im Austrittsbereich durch die Metallplatte auf dem Deckel besser war und der Wärmeverlust an die Umgebung schlechter. In Tabelle 4.3 sind die zugehörigen mittleren Ein- und Austrittstemperaturen aufgeführt,

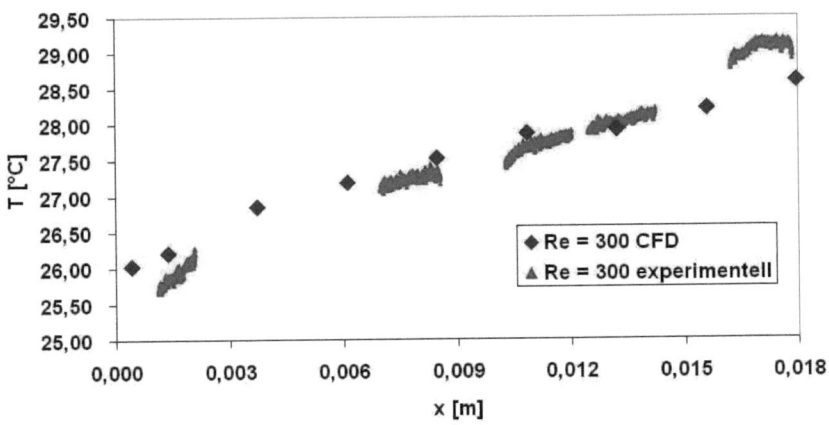

Abbildung 5.10.: Fluidtemperatur gemittelt über den Kanalquerschnitt in Abhängigkeit von Lauflänge x in einem Kanal der Breite $B = 201,7\,\mu m$ und der Höhe $H = 215\,\mu m$ an fünf verschiedenen Kanalpositionen mit unterschiedlichen Reynolds-Zahlen jeweils an der Position aufgeführt, wobei sich die mittlere Reynolds-Zahl in der Legende befindet

die im Einlaufbereich bzw. Austrittsbereich der Bodenplatte, also ca. $20\,mm$ vor bzw. nach dem Mikrokanalein- und -austritt mit PT 100 Temperaturfühlern ermittelt werden. Die Temperaturwerte aus der CFD Rechnung stimmen sehr gut mit den Werten aus der Zweifarbenmethode überein. Die mittlere Abweichung der Temperatur der CFD Rechnung und der Regressionsgraden ist $< 0,44°C$.

Die numerischen Ergebnisse, basierend auf der Annahme der Gültigkeit der Kontinuumstheorie, zeigen eine gute Übereinstimmung mit den experimentellen Ergebnissen. Dies deutet darauf hin, dass eine konventionelle analytische Behandlung des Wärmeübergangs gerechtfertigt erscheint. Allerdings wurden die Eintritts- und die Randbedingungen des Experiments sorgfältig in der Rechnung mitberücksichtigt, indem das Temperaturfeld in allen angrenzenden Materialien mitberechnet wurde. Die Strömung und das Temperaturfeld im Zulauf und im Auslaufkanal wurden mitberechnet, um korrekte Eintritts- und Austrittsbedingungen für den Mikrokanal zu erhalten. Es zeigen sich keine Hinweise auf neue physikalische Effekte wie z.B. das Rauigkeits-Viskosität Konzept von Mala und Li [ML99].

6. Schlußfolgerung

Die vorliegende Arbeit befasst sich mit der Entwicklung eines Messverfahrens für das lokale Temperaturfeld von Wasser durchströmten Mikrowärmeübertragerkanälen. Anhand der experimentell bestimmten Temperaturfelder und -gradienten im Fluid wird der Wärmeübergang von der Kanalwand zum Fluid analytisch bestimmt. Ergänzend werden numerische Simulationsrechnungen der Kanalströmung und des Temperaturfeldes vorgestellt und mit den experimentellen Daten verglichen.

Für die experimentellen Untersuchungen wird ein Versuchsaufbau mit einer modularen, optisch zugänglichen Mikrokanalbaugruppe mit einem einzelnen Rechteckkanal konzipiert. Der symmetrische Aufbau gewährleistet einen symmetrischen Wandwärmestrom. Die Symmetrie wird anhand der Simulationsergebnisse bestätigt. Druck, Einlauftemperatur, Massenstrom und Wandtemperatur können hochpräzise kontrolliert werden um das Messverfahren mit isotherme Temperaturfelder (Genauigkeit von unter $0,02\,°C$) kalibrieren und unter genau definierten Versuchsbedingungen messen zu können.

Das neuartige berührungsfreie, mittlerweile patentierte Messverfahren ("Verfahren zur Bestimmung eines Temperaturfeldes", Forschungszentrum Karlsruhe, Deutsches Patent, DE 102008056329 Offenlegung 25. September 2008, Christine Klein [Kle08]) zur Bestimmung von Temperaturfeldern wird erstmalig in einem Mikrokanal angewandt. Diese auf induzierter Fluoreszenz basierende Zwei-Farben-Messtechnik mit sequentieller Detektion des Fluoreszenzsignals von Rhodamin B und Sulforhodamin bietet zahlreiche Vorteile gegenüber anderen gebräuchlichen Fluoreszenzverfahren, wie sie bisher hauptsächlich für makroskopische Probleme eingesetzt wurden. Um der begrenzten räumlichen Zugänglichkeit Rechnung zu tragen, wird das Verfahren zu einem Epifluoreszenzmikroskopieverfahren modifiziert. Erstmalig können durch die Verwendung einer genau spezifizierten Xenon-Lampe anstelle eines Lasers als Beleuchtungsquelle Interferenzen im Mikroskopsehfeld vermieden und gleichzeitig eine hohe Intensitätsstabilität neben weiteren Vorteilen erreicht werden. Durch eine niedrige Farbstoffkonzentration von $0,01\,g/l$ in Kombination mit dem symmetrischen Aufbau können Absorptionseffekte eliminiert und gleichzeitig ein hohes Signal-zu-Rausch Verhältnis erzielt werden. Zudem kann dadurch ein höhengemitteltes Temperatursignal ohne Wichtung registriert werden. Durch diese Maßnahmen ist es erstmals möglich, lokale Temperaturen mit einer Genauigkeit von weniger als $0,3\,°C$

reproduzierbar zu messen. Die zweidimensionale Temperaturverteilung kann bis zu $8\,\mu m$ Entfernung von der Wand gemessen werden.

Die experimentellen Ergebnisse zeigen eine gute Übereinstimmung mit Ergebnissen aus dreidimensionalen numerischen Simulationen basierend auf der Navier-Stokes-Gleichung und der Energiegleichung. Es zeigt sich durch den Vergleich der Temperaturprofile aus der CFD Rechnung mit den Profilen aus der Einfarben- und der Zweifarbenmethode das Potential der Zweifarbenmethode Brechungsindexgradienten basierte Beugungseffekte zu kompensieren. Hinweise auf neue physikalische Effekte in Mikrokanälen, wie sie in zahlreichen Veröffentlichungen diskutiert werden, gibt es keine.

Damit ist erstmalig eine Methode vorgestellt worden, um den Wärmeübergang in Mikrokanälen unabhängig von den Vorgängen im Ein- und Austritt lokal messen zu können und zuverlässige Korrelationen für den Wärmeübergang abzuleiten zu können. Dies ist u.a. nötig für die Auslegung von Mikrowärmeübertragern. Ein solches lokales Verfahren kann helfen, die erheblichen Diskrepanzen in der Literatur zwischen den Korrelationen für den Wärmeübergang in Mikrokanälen aus integralen Werten im Vergleich zu Korrelationen für makroskopische Kanäle und Werten aus numerischen Simulationen zu erklären. Ein- und Austrittseffekte können identifiziert und korrekte Randbedingungen für die Temperatur unmittelbar am Kanalein- bzw. austritt ermittelt werden.

Abbildungsverzeichnis

1.1. Kreuzwärmeübertrager aus Edelstahl, entnommen aus Brandner et. al. [BAB05]. 4
1.2. REM Aufnahme eine aufgeschnittenen Kreuzwärmeübertrager, entnommen aus Brandner et al. [BAB05]. 4

2.1. Lokale Nußelt-Zahlen für rechteckige Kanäle in Abhängigkeit von der dimensionslosen Kanalposition $x^* = \frac{x}{d_h\,Re\,Pr}$ nach Daten von Wibulswas [Wib66], Lyczkowski [LSG69] und Chandruppatla und Sastri [CS93]. . . . 12
2.2. Mittlere Nußelt-Zahlen für rechteckige Kanäle in Abhängigkeit von der dimensionslosen Kanalposition $x^* = \frac{x}{d_h}$, Abbildung nach Daten von Wibulswas [Wib66]. 15
2.3. Nußelt-Zahlen für unterschiedliche Kanalquerschnitte, Abbildung von Muzychka und Yovanovich [MY04]. 16
2.4. Lokale Nußelt-Zahlen $Nu_{x,H}$ für rechteckige Kanäle in Abhängigkeit von der dimensionslosen Kanalposition $x^* = \frac{x}{d_h\,Re\,Pr}$. 17
2.5. Lokale Nußelt-Zahlen $Nu_{x,H}$ für unterschiedliche Prandtl-Zahlen bei quadratischen Kanälen, Abbildung nach Daten von Wibulswas [Wib66] und Chandrupatla und Sastri [CS93] in Abhängigkeit von der dimensionslosen Kanalposition $x^* = \frac{x}{d_h\,Re\,Pr}$. 18
2.6. Nußelt-Zahlen $Nu_{\sqrt{A}}$ für unterschiedliche Kanäle, Abbildung von Muzychka und Yovanovich [MY04]. 19

3.1. Elektronische Energiezustände eines typischen Fluoreszenzfarbstoffmoleküls. 31
3.2. Abhängigkeit der Fluoreszenzintensität von Rhodamin B von der Temperatur bei sieben verschiedenen Messreihen, dargestellt mit verschiedenfarbigen Symbolen. 37
3.3. Absorptions- und Emissionsspektrum von Rhodamin B und Rhodamin 110 39
3.4. Optischer Aufbau, übernommen aus Sakakibara und Adrian [SA99]. . . . 39

4.1. Übersicht Versuchsaufbau. 43
4.2. Mikrokanalmodul. 45

4.3. Schematischer Querschnitt Mikrokanalmodul. 47
4.4. Bodenplatte. 47
4.5. Position der vier Borungen für die Thermoelemente von oben. 48
4.6. Bohrungen für die Thermoelemente, Schnitt senkrecht zur Bohrung. . . . 48
4.7. Optischer Aufbau. 50
4.8. Intensitätsbild Rhodamin B $24\,°C$. 52
4.9. Intensitätsprofile ohne Positionskorrektur. 53
4.10. Intensitätsprofile mit Positionskorrektur. 53
4.11. Absorption

. . . . 54
4.12. Absorptionseffekte. 54
4.13. Absorptionskoeffizienten in Abhängigkeit von der Wellenlänge. 56
4.14. Transmission in Abhängigkeit von der Wellenlänge. 56
4.15. Mittlere Standardabweichungen. 57
4.16. o.: Kanalposition der dargestellten Kalibrierung, li. S.: Intensitätsprofile Sulforhodamin und Rhodamin B, re. S.: Normierte Intensitätsprofile für $24\,°C$, $26\,°C$ und $28\,°C$ 60
4.17. Temperaturprofile Ein- (R) und Zweifarbenmethode (RS), Position $x = 1,85\,mm$, $B = 200,5\,\mu m$, $H = 215\,\mu m$, größere Rechtecksymbole: zur jeweiligen Reynolds-Zahl mit Thermoelement ermittelte Wandtemperatur 64
4.18. Temperaturprofile Ein- (R) und Zweifarbenmethode (RS), Position $x = 10,5\,mm$, $B = 200,5\,\mu m$, $H = 215\,\mu m$, größere Rechtecksymbole: zur jeweiligen Reynolds-Zahl mit Thermoelement ermittelte Wandtemperatur 64
4.19. Fluidtemperatur gemittelt über den Kanalquerschnitt in Abhängigkeit von der Lauflänge x in einem Kanal der Breite $B = 201,7\,\mu m$ und der Höhe $H = 215\,\mu m$ an fünf verschiedenen Kanalpositionen mit unterschiedlichen Reynolds-Zahlen jeweils an der Position aufgeführt, wobei sich die mittlere Reynolds-Zahl in der Legende befindet 66
4.20. Darstellung Energiebilanz, $\dot{Q}_{Wl}$: Wärmestrom durch Wärmeübergang von der Wand auf das Fluid, $\dot{Q}_{Wl}$: konduktiver Wärmestrom, $\dot{Q}_{Konv}$: konvektiv transportierter Wärmestrom 67
4.21. Wandtemperatur 70
4.22. Fluidtemperatur. 70
4.23. Lokaler Wärmeübergangskoeffizient 71
4.24. Lokale Nußelt-Zahl 71

4.25. li. S.: Intensitätsprofile Sulforhodamin, re. S.: rms-Werte (root-mean-Square) Sulforhodamin. 74

4.26. li. S.: Intensitätsprofile Rhodamin B, re. S.: rms-Werte (root-mean-Square) Rhodamin B 74

5.1. Simulationsgebiet Geschwindigkeits- und Temperaturfeld im Fluid. 80

5.2. Simulationsgebiet: Temperaturfeld in Bodenplatte, Kupferplatte und Deckplatte. 80

5.3. Isotachen der x-Komponente der dimensionslosen Geschwindigkeit $u^* = \frac{u}{U}$ am Ende des Mikrokanals beim Eintritt in das Auslaufrohr bei $Re = 300$. 84

5.4. Rückstromgebiet im Einlaufrohr vor Eintritt in den Mikrokanal bei $Re = 300$. nach 22 Sekunden und nach 25 Sekunden Einlaufzeit: z-Komponente der dimensionslosen Geschwindigkeit $w^* = \frac{w}{U}$ 84

5.5. Isotachen der x-Komponente der dimensionslosen Geschwindigkeit $u^* = \frac{u}{U}$ an den Positionen $x = 7,11\,mm$ und $x = 16,6\,mm$, halber Kanal, Schnitt in der y, z Ebene, $Re = 300$. 85

5.6. Oben: Isothermen der Kupferplatte bei $Re = 300$, Unten: Isothermen der Kupferplatte und des Fluids bei $Re = 300$ 86

5.7. Isothermen an den Positionen $x = 7,11\,mm$ und $x = 16,6\,mm$, halber Kanal, Schnitt in der y, z Ebene, $Re = 300$. 86

5.8. Temperaturprofile, Position $x = 1,85\,mm$, $B = 200,5\,\mu m$, $H = 215\,\mu m$. aus der numerischen Simulationsrechnung (CFD) im Vergleich zu den Experimenten Ein- (R) und Zweifarbenmethode (RS), große Rechtecksymbole:mit Thermoelement ermittelte Wandtemperatur 88

5.9. Temperaturprofile, Position $x = 10,5\,mm$, $B = 200,5\,\mu m$, $H = 215\,\mu m$. aus der numerischen Simulationsrechnung (CFD) im Vergleich zu den Experimenten Ein- (R) und Zweifarbenmethode (RS), große Rechtecksymbole: mit Thermoelement ermittelte Wandtemperatur 88

5.10. Fluidtemperatur gemittelt über den Kanalquerschnitt in Abhängigkeit von Lauflänge x in einem Kanal der Breite $B = 201,7\,\mu m$ und der Höhe $H = 215\,\mu m$ an fünf verschiedenen Kanalpositionen mit unterschiedlichen Reynolds-Zahlen jeweils an der Position aufgeführt, wobei sich die mittlere Reynolds-Zahl in der Legende befindet 89

C.1. Beispiel Rauigkeitsmessung Weißlichtinterferometer. 113

Literaturverzeichnis

[AEA+91] ARBELOA, T. L. ; ESTEVEZ, M. J. T. ; ARBELOA, F. L. ; AGUIRRESACONA, I. U. ; ARBELOA, I. L.: Luminescence properties of rhodamines in water/ethanol mixtures. In: *J. Lumin.* 48, 49 (1991), S. 400–404

[AKUK88] AKINO, N. ; KUNUGI, T. ; UEDA, M. ; KUROSAWA, A.: Liquid-crystal thermometry based on automatic color evaluation and applications to measure turbulent heat transfer. In: Transport Phenomena in Turbulent Flows Theory, Experiment, and Numerical Simulation., Hemisphere, 1988, S. 800–820

[AOA98] ARBELOA, F. L. ; OJEDA, P. R. ; ARBELOA, I. L.: Fluorescence Self-quenching of the Molecular Forms of Rhodamine B in Aqueous and Ethanolic Solutions. In: *J. Lumin.* 44 (1998), S. 105–112

[BAB05] BRANDNER, J. J. ; ANUREW, E. ; BOHN, L.: Concepts and Realization of Micro Heat Exchnagers for Enhanced Heat transfer. Castellvecchhio Pascoli, Italy, Aug. 2005 (CD of papers, presented at the ECI International Conference on Heat Transfer and Fluid Flow in Microscale, Conference Chair: Dr. Gian Piero Celata, ENEA Casaccia, Institute of Thermal Fluid Dynamics, Via Anguillarese, 301, I-00060 S.M. Galeria, Rome, Italy.)

[BD05] BAIER, T. ; DRESE, K. S.: Modelling Counter Current Micro Heat Exchangers. Castellvecchhio Pascoli, Italy, Aug. 2005 (CD of papers, presented at the ECI International Conference on Heat Transfer and Fluid Flow in Microscale, Conference Chair: Dr. Gian Piero Celata, ENEA Casaccia, Institute of Thermal Fluid Dynamics, Via Anguillarese, 301, I-00060 S.M. Galeria, Rome, Italy.)

[Bee52] BEER, A.: Bestimmung der Absorption des rothen Lichts in farbigen Flüssigkeiten. In: *Annal. Phys. Chem.* 86 (1852), S. 78–88

[Bej05] BEJAN, A.: Shape and Structure, From Engineering to Nature. Castellvecchhio Pascoli, Italy, Aug. 2005 (CD of papers, presented at the ECI International Conference on Heat Transfer and Fluid Flow in Microscale, Conference Chair:

Dr. Gian Piero Celata, ENEA Casaccia, Institute of Thermal Fluid Dynamics, Via Anguillarese, 301, I-00060 S.M. Galeria, Rome, Italy.)

[Ben88]   BENDLIN, H. (Hrsg.): *Reinstwasser von A bis Z. Grundlagen und Lexikon.* New York : McGraw-Hill, 1988

[BH01]   BINDHU, C. V. ; HARILAL, S. S.: Effect of excitation source on the quantum yield measurements of rhodamine B using thermal lens technique. In: *Analytical Sciences* 17 (2001), S. 141–144

[BS06]   BAEHR, H. D. (Hrsg.) ; STEPHAN, K. (Hrsg.): *Wärme - und Stoffübertragung.* Heidelberg, Berlin : Springer-Verlag, 2006

[BW72]   BEER, D. ; WEBER, J.: Photobleaching of organic laser dyes. In: *Opt Commun* 5 (1972), S. 307–309

[CBW91]   CHOI, S. ; BARRON, R. ; WARRINGTON, R.: Fluid flow and heat transfer in microtubes. In: *ASME DSC, Micromechanical Sensors, Actuators and Systems* 32 (1991), S. 123

[CCGZ02] CELATA, G. P. ; CUMO, M. ; GUGLIELMI, M. ; ZUMMO, G.: Experimental investigation of hydraulic and single phase heat transfer in 0.130 mm capillary tube. In: *Microscale Thermophys. Eng.* 6 (2002), S. 85–97

[CR98]   COPPETA, J. ; ROGERS, C.: Dual emisission laser induced fluorescence for direct planar scalar behavior measurements. In: *Experiments in Fluids* 25 (1998), S. 1–15

[CS93]   CHANDRUPATLA, A. R. ; SASTRI, V. M. K.: Laminar forced convection heat transfer of a non-Newtonian fluid in a square duct. In: *Math. Nachr.* 163 (1993), S. 163–175

[DG91]   DABIRI, D. ; GHARIB, M.: Digital particle image thermometry: the method and implementation. In: *Exp. Fluids* 11 (1991), S. 77–86

[DMB32]   DRYDEN, H. L. ; MURNAGHAN, F. D. ; BATEMAN, H.: In: *Hydrodynamics* 84 (1932), S. 197–201

[Dre77]   DREXHAGE, K. H.: Structure and properties of laser dyes. In: *Dye Lasers.* Berlin : Springer, 1977, S. 144–193

[ED98]   EBADIAN, M. A. ; DONG, Z. F.: Internal Flow in Ducts. In: Handbook of Heat Transfer. New York : McGraw, 1998

[Ehr08]   EHRHARD, P.: Mikroströmungen. In: Prandtl - Führer durch die Strömungslehre Grundlagen und Phänomene., Vieweg + Teubner Verlag, 2008, S. 623–667

[ESL03]   ERICKSON, D. ; SINTON, D. ; LI, D.: Joule heating and heat transfer in poly(dimethylsiloxane) microfluidic systems. In: *The Royal Society of Chemistry* (2003), S. 141–149

[FAK97]   FUJISAWA, N. ; ADRIAN, R. J. ; KEANE, R. D.: Three-dimensional temperature measurement in turbulent thermal convection over smooth and rough surfaces by scanning liquid crystal thermometry. Tokyo, 1997 (Proc. Intl. Conf. Fluid Engr.), S. 1037–1042

[FFI04]   FUNATANI, S. ; FUJISAWA, N. ; IKEDA, H.: Simultaneous measurement of temperature and velocity using two-colour LIF combined with PIV with a colour CCD camera and its application to the turbulent buoyant plume. In: *Meas. Sci. Technol.* 15 (2004), S. 983–990

[Ges00]   GESCHWENDTNER, M. ; VDI, Fortschritt-Berichte (Hrsg.): *Das Eckert-Zahl-Phänomen - Experimentelle Untersuchungen zum Wärmeübergang an einer bewegten Wand am Modellfall eines rotierenden Zylinders.* Bd. 7. 2000. – 52–57, S.

[Gni02]   GNIELINSKI, V.: Wärmeübertragung bei der Strömung durch Rohre. In: *VDI-Wärmeatlas, Berechnungsblätter für den Wärmeübergang.* Berlin : Springer, 2002

[Hak99]   HAK, M. G.: The fluid mechanics of microdevices. In: *J. Fluids Eng.* 121 (1999), S. 5–33

[Ham05]   HAMAMATSU PHOTONICS K.K. ELECTRON DIVISION (Hrsg.): *Super-Quit-Xenon Lamp.* 314-5, Shimokanzo, Iwata City, Shizuoka Pref., 438-0193, Japan: Hamamatsu Photonics K.K. Electron Division, 2005

[Han60]   HAN, L. S.: Hydrodynamic entrance lenghts for incompressible laminar flow in rectangular ducts. In: *Journal Appl. Mech.* 27 (1960), S. 403–409

[Hap04]   HAPKE, I.: *Experimentelle und numerische Untersuchungen zum Wärmeübergang in Mikrokanälen*, Fakultät für Verfahrens- und Systemtechnik der Otto-von-Guericke-Universität Magdeburg, Diss., 2004

[Hau59]   HAUSEN, H.: Neue Gleichungen für die Wärmeübertragung bei freier und erzwungener Ströumng. In: *Allg. Waermetechnik* 9 (1959), S. 75–79

[HKG99]   HARMS, T. M. ; KAZMIERCZAK, M. J. ; GERNER, F. M.: Developing convective heat transfer in deep rectangular microchannels. In: *International Journal of Heat and Fluid Flow* 20 (1999), S. 149–157

[HMPY97]   HETSRONI, G. ; MOSYAK, A. ; POGREBNYAK, E. ; YARIN, L. P.: Heat transfer and fluid flow in microchannels. In: *International Journal of Heat Mass Transfer* 40 (1997), S. 3079 3088

[HMPY05]   HETSRONI, G. ; MOSYAK, A. ; POGREBNYAK, E. ; YARIN, L. P.: Fluid flow in microchannels. In: *International Journal of Heat and Fluid Flow* 48 (2005), S. 1982–1998

[HS00]   HISHIDA, K. ; SAKAKIBARA, J.: Combined planar laser-induced fluorescence-particle image velocimetry technique for velocity and temperature fields. In: *Experiments in Fluids* 29 (2000), S. 129–140

[ID96]   INCROPERA, P. (Hrsg.) ; DEWITT, D. P. (Hrsg.): *Fundamentals of Heat and Mass Transfer*. New York : John Wiley and Sons, 1996

[Jon90]   JONES, G. H.: In Photochemistry of Laser Dyes, in: Dye Lasers Principles with Applications. New York : Academic Press, 1990, S. 287–343

[KD85]   KOOCHESFAHANI, M. ; DIMOTAKIS, P.: Laser-induced fluorescence measurements of mixed fluid concentration in a liquid plane shear layer. In: *AIAA J* 23 (1985), S. 1700–1707

[Kle08]   KLEIN, Ch.: *Verfahren zur Bestimmung eines Temperaturfeldes, Offenlegungsschrift DE 102008056329*. FZK, Karlsruhe, 25. September 2008

[Kos80]   KOSTER, J. N.: *Freie Konvektion in schmalen Spalten.*, Universität Karlsruhe, Diss., 1980

[KSA87]   KAKAC, S. (Hrsg.) ; SHAH, R. K. (Hrsg.) ; AUNG, W. (Hrsg.): *Handbook of Single Phase Convective Heat Transfer*. New York : Wiley, 1987

[KY83] KAKAC, S. ; YENER, Y.: Laminar Forced Convection in the Combined Entrance Region of Ducts, In: Low Reynolds Number Heat Exchangers. Washington : Hemisphere Publishing, 1983, S. 165–204

[Lev28] LEVEQUE, M. A.: Les trois de transmission de la chaleur par convection. In: *Ann. des Mines* 12 (1928), S. 2001–299, 305–362, 381–415

[LNT04] LELEA, D. ; NISHI, S. ; TAKANO, K.: The experimental research on microtube heat transfer and fuid flow of distilled water. In: *Int. J. Heat Mass Transfer* 47 (2004), S. 2817

[LPH87] LEE, M. P. ; PAUL, P. H. ; HANSON, R. K.: Quantitative imaging of temperature fields in air using planar laser-induced fluorescence of O_2. In: *Optics letters* 12 (1987), S. 75–77

[LSG69] LYCZKOWSKI, R. W. ; SOLBRIG, C. W. ; GIDASPOW, D.: Forced Convective Heat Transfer in Rectangular Ducts - General Case of Wall Resistance and Peripheral Conduction. In: *File 3229, Tech. Inf. Center, Inst. Gas Technol.3424, S. State Street, Chicago, Illinois* (1969)

[LVGL04] LEE, P. S. ; V., Suresh ; GARIMELLA ; LIU, D.: Investigation of heat transfer in rectangular microchannels. In: *International Journal of Heat and Mass Transfer* 48 (2004), S. 1688–1704

[McC67] MCCOMAS, S. T.: Hydrodynamic entrance lenghts for ducts of arbitrary cross section. In: *J. Basic Eng.* 89 (1967), S. 847–850

[Mei04] MEISEL, I.: *Modellierung und Bewertung von Strömung und Transport in einem elektrisch erregten Mikromischer*, Universität Karlsruhe, Diss., 2004

[MFE05] MATSUMOTO, R. ; FARANGIS, H. Z. ; EHRHARD, P.: Quantitative measurement of depth–averaged concentration fields in microchannels by means of a fluorescence intensity method,. In: *Exp. Fluids* 39 (2005), S. 722–729

[MKK74] MERKLE, C. L. ; KUBOTA, T. ; KO, D. R. S.: An analytical study of the effects of surface roughness on boundarylayer transition, AF Office of Science Res. Space and Missile Sys. Org., Bezugsadresse: National Technical Information Service, 5301 Shawnee Road, Alexandria, USA. 1974. – Forschungsbericht

[ML99] MALA, G. M. ; LI, D.: Flow characteristics of water in microtubes. In: *International Journal of Heat and Fluid Flow* 20 (1999), S. 142–148

[MS67]   MILES, J. B. ; SHIH, J. S.: Reconsideration of Nusselt Number for Laminar Fully Developed Flow in Rectangular Ducts. In: *Unpublished paper* (1967)

[MY04]   MUZYCHKA, Y. S. ; YOVANOVICH, M. M.: Laminar Forced Convection Heat Transfer in the Combined Entry Region of Non-Circular Ducts. In: *JOURNAL OF HEAT TRANSFER* 126 (2004), S. 54–61

[NP05]   NARAYANAN, V. ; PATIL, V. A.: Temperature Measurement in Internal Microscale Fows Using Infrared Thermography. Castellvecchhio Pascoli, Italy, Aug. 2005 (CD of papers, presented at the ECI International Conference on Heat Transfer and Fluid Flow in Microscale, Conference Chair: Dr. Gian Piero Celata, ENEA Casaccia, Institute of Thermal Fluid Dynamics, Via Anguillarese, 301, I-00060 S.M. Galeria, Rome, Italy.)

[Plo65] PLOEM, J. S.: Die Möglichkeit der Auflichtfluoreszenzmethoden bei der Untersuchung von Zellen in Durchströmkammern und Leightonröhren. In: *Acta histochemica Supplementum* **VII** 1 (1965), S. 339–343

[Poh21] POHLHAUSEN, E.: Der Wärmeaustausch zwischen festen Körpern und Flüssigkeiten mit kleiner Reibung und kleiner Wärmeleitung. In: *Z. angew. Math. Mech.* 1 (1921), S. 115 – 121

[PP94]   PENG, X. F. ; PETERSON, G. P.: Heat Transfer Characteristics of Water Flowing Through Microchannels. In: *Experimental Heat Transfer* 7 (1994), S. 265–283

[PP96]   PENG, X. F. ; PETERSON, G. P.: Convective heat transfer and friction for water flow in micro-channel structures. In: *International Journal of Heat and Mass Transfer* 39 (1996), S. 2599–2608

[PPW94] PENG, X. F. ; PETERSON, G. P. ; WANG, B. X.: Heat transfer Characteristics of Water Flowing through Microchannels. In: *Exp. Heat Transfer* 7 (1994), S. 265–283

[PSM97] PERKINS, K. R. ; SHADE, K. W. ; MCELIGOT, D. M.: Heated laminarized gas flow in a square duct. In: *International Journal of Heat and Mass Transfer* 6 (197), S. 897–916

[QM00]   QU, W. ; MUDAWAR, I.: Experimental and numerical study of pressure drop and heat transfer in a single-phase microchannel heat sink. In: *Int. J. Heat Mass Transfer* 45 (2000), S. 2549–2565

[QML00]   QU, W. ; MALA, G. M. ; LI, D. Q.: Heat transfer for water flow in trapezoidal silicon microchannels. In: *Int. J. Heat Mass Transfer* 43 (2000), S. 3925–3936

[Rah00]   RAHMAN, M. M.: Measurements of Heat Transfer in Microchannel Heat Sinks. In: *Int. Comm. Heat Mass Transfer* 27 (2000), S. 495–506

[RD99]   RAVIGURURAJAN, T. S. ; DROST, M. K.: Single-phase flow thermal performance characteristics of a parallel microchannel heat exchanger. In: *Enhanced Heat Transfer* 6 (1999), S. 383–393

[RGL01]   ROSS, D. ; GAITAN, M. ; LOCASCIO, L. E.: Temperature Measurement in Microfluidic Systems Using a Temperature-Dependent Fluorescent Dye. In: *Anal. Chem.* 73 (2001), S. 4117–4123

[RHC88]   ROHSENOW, W. M. (Hrsg.) ; HARTNETT, J. P. (Hrsg.) ; CHO, Y. I. (Hrsg.): *Handbook of Heat Transfer.* New York : McGraw-Hill, 1988

[Ros95]   ROST, F. W.: *Quantitative fluorescence microscopy.* Cambridge : Cambridge University Press, 1995

[RS02]   ROETZEL, W. ; SPANG, B.: Berechnug von Wärmeübertragern. In: *VDI-Wärmeatlas, Berechnungsblätter für den Wärmeübergang.* Berlin : Springer, 2002

[SA99]   SAKAKIBARA, J. ; ADRIAN, R. J.: Whole field measurement of temperature in water using two-color laser induced fluorescence. In: *Experiments in Fluids* 26 (1999), S. 7–15

[Say95]   SAYLOR, J. R.: Photobleaching of disodium fluorescein in water. In: *Exp Fluids* 18 (1995), S. 445–447

[SC61]   SCHAAF, S. ; CHAMBRE, P.: *Flow of Rarefied Gases.* Princeton University Press, 1961

[Sch02]   SCHOBER, M.: Strömungsmeßtechnik I+II. zu beziehen: Fachgebiet Experimentelle Strömungsmechanik, Institut für Strömungsmechanik und Technische Akustik,(ehemals Hermann-Föttinger Institut) Leitung: Prof. Dr. Christian Oliver Paschereit Sekr. HF1, Müller-Breslau-Str. 8, 10623 Berlin, 2002. – Forschungsbericht

[SG00] SOBHAN, C. ; GARIMELLA, S.: A comparative analysis of studies on heat transfer and fluid flow in microchannels In *G. Celata (ed.), Proc. Heat Transfer and Transport Phenomena in Microscale*. Banff, Canada : Begell House Publ., 2000, S. 80–92

[Shl88] SHLIEN, D.: Instantaneous concentration field measurement technique from flow visualization photographs. In: *Exp Fluids* 6 (1988), S. 541–546

[SL78] SHAH, R. K. (Hrsg.) ; LONDON, A. (Hrsg.): *Laminar Flow Forced Convection in Ducts*. New York, N.Y. : Academic Press, 1978

[SM85] SCHLÜNDER, E. U. (Hrsg.) ; MARTIN, H. (Hrsg.): *Einführung in Wärmeübertragung*. Karlsruhe : Vieweg Verlag, 1985

[SN67] SCHMIDT, F. W. ; NEWELL, M. E.: Heat transfer in fully developed laminar flow through rectangular and isoceles triangular ducts. In: *Int. J. Heat Mass Transfer* 10 (1967), S. 1121–1123

[SP79] STEPHAN, K. ; PREUSSER, P.: Warmeübergang und maximale Wärmestromdichte beim Behältersieden binarer und ternärer Flüssigkeitsgemische. In: *Chem. Ing. Tech.* 51 ((979), S. 37

[Spa96] SPANG, B.: Influence of thermal boundary condition on laminar heat transfer in the hydrodynamic entrance region of circular ducts. In: *Heat and Mass Transf.* 31 (1996), S. 199–204

[ST36] SIEDER, E. N. ; TATE, G.E.: Heat transfer and pressure drop of liquids in tubes. In: *Ind. Engg. Chem.* 28 (1936), S. 1429–1435

[ST07] SCHRÖDER, G. ; TREIBER, H.: *Technische Optik*. Würzburg : Vogel Buchverlag, 2007

[THM[+]04] TISELJ, I. ; HETSRONI, G. ; MAVKO, B. ; MOSYAK, A. ; POGREBHYAK, E. ; SEGAL, Z.: Effect of axial conduction on the heat transfer in micro-channels. In: *International Journal of Heat and Fluid Flow* 47 (2004), S. 2551–2565

[TM99] TSO, C. P. ; MAHULIKAR, S. P.: Flow characteristics of water in microtubes. In: *International Journal of Heat and Fluid Flow* 20 (1999), S. 142–148

[TM00] TSO, C. P. ; MAHULIKAR, S. P.: Experimental Verification of The Role of Brinkman Number in Microchannels Using Local Parameters. In: *International Journal of Heat and Mass Transfer* 43 (2000), S. 1837–1849

[Wal85] WALKER, D. A.: A fluorescence technique for measurement of concentration in mixing liquids. In: *J. Phys. E: Sci. Instrum.* 20 (1985), S. 217–224

[WD70] WIGINTON, C. L. ; DALTON, C.: Incompressible laminar flow in the entrance region of a rectangular duct. In: *Journal Appl. Mech.* 37 (1970), S. 854–856

[Wib66] WIBULSWAS, P.: *Laminar-Flow Heat-Transfer in Non-Circular Ducts*, Ph. D. Thesis, London University, London, Diss., 1966

[Wib08] WIBEL, W.: *Experimentelle Untersuchungen der Strömung in Mikrokanälen.*, Universität Dortmund, Diss., 2008

[WL84] WU, P. ; LITTLE, W.: Measurements of the heat transfer characteristics of gas flow in fine channel heat exchangers used for microminiature refrigerators. In: *Cryogenics* 24 (1984), S. 415

[WR66] W.HANKS, R. ; RUO, H. C.: Laminar-turbulent transition in ducts of rectangular cross section. In: *Industrial And Engineering Chemistry Fundamentals* 5 (1966), S. 558–568

[YM97] YOVANOVICH, M. M. ; MUZYCHKA, Y.: Solutions of Poisson Equation within Singly and Doubly Connected Domains, 1997 (Paper No. AIAA97-3880, in: Proceedings of National Heat Transfer Conference), S. 2492

[Zad05] ZADEH, H. F.: *Experimental validation of flow and mass transport in an electrically-excited micromixer*, Universität Karlsruhe, Diss., 2005

A. Prozessdaten

Allgemeine Daten

Testfluid	deionisiertes, gefiltertes, entgastes Wasser
Rhodamin B Konzentration	$c_R = 0,01\ g/l$
Sulforhodamin 110 Konzentration	$c_S = 0,01\ g/l$
Dauer des Entgasens	$t = 12\ min$
Fluidvolumen bei Entgasung	$V \approx 1,2\ l$
Belichtungszeit pro Bild:	
5x Objektiv Rhodamin B	$350\ ms$
5x Objektiv Sulforhodamin 110	$250\ ms$
20x Objektiv Rhodamin B	$40\ ms$
20x Objektiv Sulforhodamn 110	$25\ ms$
Bilderanzahl pro Serie	20
Anzahl Serien pro Einzelmessung	5

Kalibration

24 °C

Temperatur der Schienen	$T_S = 24 \pm 0,02\ °C$
Temperatur des Blocks	$T_B = 24 \pm 0,03\ °C$
Temperatur der Vorratsbehälter	$T_V \approx 24\ °C$
Temperatur am Einlauf	$T_E = 24 \pm 0,02\ °C$
Temperatur am Auslauf	$T_A = 24 \pm 0,02\ °C$
Arbeitsüberdruck	$p = 0,2 \pm 0,02\ bar$
Zeitintervalle der Datenerfassung	$\Delta t = 30 - 45\ s$
Temperaturerfassung und Bildserie	
Reynolds-Zahl	$Re = 325 - 375$
Massenstrom	$\dot{m} = 0,060 - 0,070\ g/s$
Mittlere Durchflussgeschwindigkeit	$\bar{u} = 1,35 - 1,65\ m/s$

26 °C

Temperatur der Schienen	$T_S = 26 \pm 0,02\,°C$
Temperatur des Blocks	$T_B = 26 \pm 0,03\,°C$
Temperatur der Vorratsbehälter	$T_V \approx 26\,°C$
Temperatur am Einlauf	$T_E = 26 \pm 0,02\,°C$
Temperatur am Auslauf	$T_A = 26 \pm 0,02\,°C$
Arbeitsüberdruck	$p = 0,2 \pm 0,02\ bar$
Zeitintervalle der Datenerfassung	$\Delta t = 30 - 45\ s$
Temperaturerfassung und Bildserie	
Reynolds-Zahl	$Re = 325 - 375$
Massenstrom	$\dot{m} = 0,055 - 0,065\ g/s$
Mittlere Durchflussgeschwindigkeit	$\bar{u} = 1,20 - 1,50\ m/s$

28 °C

Temperatur der Schienen	$T_S = 28 \pm 0,02\,°C$
Temperatur des Blocks	$T_B = 28 \pm 0,03\,°C$
Temperatur der Vorratsbehälter	$T_V \approx 28\,°C$
Temperatur am Einlauf	$T_E = 28 \pm 0,04\,°C$
Temperatur am Auslauf	$T_A = 28 \pm 0,02\,°C$
Arbeitsüberdruck	$p = 0,2 \pm 0,02\ bar$
Zeitintervalle der Datenerfassung	$\Delta t = 30 - 45\ s$
Temperaturerfassung und Bildserie	
Reynolds-Zahl	$Re = 325 - 375$
Massenstrom	$\dot{m} = 0,05 - 0,065\ g/s$
Mittlere Durchflussgeschwindigkeit	$\bar{u} = 1,38 - 1,62\ m/s$

Wärmeübergang

Reynolds-Zahlbereich $Re \approx 300$

Temperatur der Schienen	$T_S = 34 \pm 0,02\,°C$
Temperatur des Blocks	$T_B = 24 \pm 0,03\,°C$
Temperatur der Vorratsbehälter	$T_V \approx 24\,°C$
Temperatur am Einlauf	$T_E = 24,5 - 24,55\,°C$
Temperatur am Auslauf	$T_A = 28,45 - 28,65\,°C$
Arbeitsüberdruck	$p = 0,2 \pm 0.02\ bar$
Zeitintervalle der Datenerfassung	$\Delta t = 30 - 45\ s$
Temperaturerfassung und Bildserie	
gemessener Reynolds-Zahl Bereich	$Re = 275 < Re < 325$
Massenstrom	$\dot{m} = 0,03 - 0,06\ g/s$
Mittlere Durchflussgeschwindigkeit	$\bar{u} = 1,13 - 1,34\ m/s$

Reynolds-Zahlbereich $Re \approx 600$

Temperatur der Schienen	$T_S = 34 \pm 0,02\,°C$
Temperatur des Blocks	$T_B = 24 \pm 0,03\,°C$
Temperatur der Vorratsbehälter	$T_V \approx 24\,°C$
Temperatur am Einlauf	$T_E = 24,35 - 24,38\,°C$
Temperatur am Auslauf	$T_A = 26,75 - 26,95\,°C$
Arbeitsüberdruck	$p = 0,4 \pm 0.02\ bar$
Zeitintervalle der Datenerfassung	$\Delta t = 30 - 45\ s$
Temperaturerfassung und Bildserie	
gemessener Reynolds-Zahl Bereich	$Re = 575 < Re < 625$
Massenstrom	$\dot{m} = 0,10 - 0,11\ g/s$
Mittlere Durchflussgeschwindigkeit	$\bar{u} = 2,41 - 2,62\ m/s$

Reynolds-Zahlbereich $Re \approx 1100$

Temperatur der Schienen	$T_S = 34 \pm 0,2\,°C$
Temperatur des Blocks	$T_B = 24 \pm 0,3\,°C$
Temperatur der Vorratsbehälter	$T_V \approx 24\,°C$
Temperatur am Einlauf	$T_E = 24,30 - 24,25v\,°C$
Temperatur am Auslauf	$T_A = 26,00 - 26,05\,°C$
Arbeitsüberdruck	$p = 0,9 \pm 0,02\ bar$
Zeitintervalle der Datenerfassung	$\Delta t = 30 - 45\ s$
gemessener Reynolds-Zahl Bereich	$Re = 1075 < Re < 1125$
Massenstrom	$\dot{m} = 0,19 - 0,21\ g/s$
Mittlere Durchflussgeschwindigkeit	$\bar{u} = 4,55 - 4,78\ m/s$

B. Geräte- und Materialliste

Bezeichnung	Hersteller	Zubehör
Testanlage		
Präzisionswaage LE2202S	Sartorius	
Druckminderer General Purpose KBP Klasse A	Swagelock	
Thermostat Phoenix II C25-P	Haake	PT100 Sensor TT
PT 100 Sensor TT	Thermo Electron GmbH	
Thermostat R N2	Haake	
CDT 101 Peltier-Nullpunktthermostat	MGM Seissen	
Feinmessmanometer Klasse 0,6	Wika	
Optischer Aufbau		
Mikroskop DM/LM	Leica	Lampenhaus, Lampen, Vorschaltgeräte, Objektive
Lampenhaus 75W XBO	Leica	Xenon-Lampe, Vorschaltgerät ebx 75mc-L90
Super-Quiet Xenon Lamp	Hamamatsu	
Spannungsstabilisiertes Vorschaltgerät ebx 75mc-L90	Leistungselektronik Jena GmbH	Xenon-Lampe
Gehäuse 107/2 100W/ 12V	Leica	Halogen-Lampe
Halogen-Lampe Xenophot HLX	Osram	
Vorschaltgerät 100W/ 12V	Leica	Halogen-Lampe
Kamera Imager Intense FM 3 S	PCO	
Fotodiode BPX-65	Osram	

Objektiv HCX PL FL 20x/0.40 CORR 0-2/C 6.9	Leica	
Objektiv N PLAN 5x/0.12	Leica	

Mikrokanalbaugruppe

Thermostat Phoenix II C25-P	Haake	PT 100 Sensor TT
PT 100 Sensor TT	Thermo Electron GmbH	
2 Präz.-Temp.-Messgerät Kelvimat Typ 4323	Burster	PT 100
2 PT100 42710-V014	Burster	
Autodata Ten Bit Analog Digital Wandler	Acurex	Thermoelemente, Fotodiode
4 Thermoelemente Typ K, Kl. 1	FZK	
Klebewachs Alcowachs 5420 F	Struers GmbH	
Klebewachs 0CON-193	Struers GmbH	

Fluidherstellung

Rhodamin B	Radiant Dyes Laser
Sulforhodamin	Radiant Dyes Laser
Vakuumpumpe Trivac D1,6B	Leybold-Heraeus
Wasserstrahlpumpe	Brand
Membranfilter ME24	Whatman

C. Vergleich Messverfahren zur Bestimmung der Kanalbreite

Die nachfolgenden Verfahren dienen der Spezifikation der Mikrokanäle und deren Rauigkeit

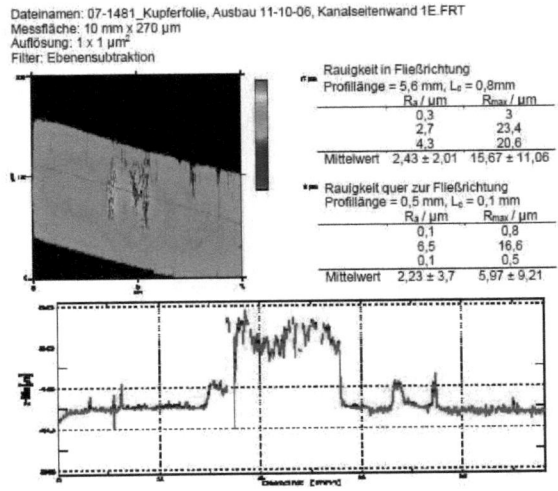

Abbildung C.1.: Beispiel Rauigkeitmessung Weißlichtinterferometer.

	Werte in $[\mu m]$
mittlere Rauigkeit in Fließrichtung	$0,96 \pm 1,28$
mittlere Rauigkeit quer zur Fließrichtung	$0,675 \pm 1,83$
maximale Rauigkeit in Fließrichtung	$6,87 \pm 7,4$
maximale Rauigkeit quer zur Fließrichtung	$2,13 \pm 4,56$

Tabelle C.1.: Mit Hilfe der Weißlichtinterferometrie gemessene Rauigkeiten in Fließrichtung und quer zur Fließrichtung

Messzeitraum	Nachbe-arbeitung	Rasterelektronen-mikroskopie	Stereo-mikroskopie	Weißlicht-interferometrie	Durchlicht-mikroskopie	durch RMS-Wert	durch Ab-leitung
Juli 06	Schmirgeln	$207 \pm 6\ \mu m$					
Juli/ Aug. 06	Schmirgeln	$204 \pm 7\ \mu m$		$201 \pm 7\ \mu m$			$199 \pm 6\ \mu m$
Sep. 06 vorher	Elektropolieren		$230 \pm 3\ \mu m$	$232 \pm 6\ \mu m$		$236 \pm 4\ \mu m$	
Sep. 06 nachher	Elektropolieren			$222 \pm 6\ \mu m$			
Okt. 06	Elektropolieren				$237 \pm 6\ \mu m$	$234 \pm 6\ \mu m$	
Dez. 06	-		$200,5 \pm 3\ \mu m$			$199,6 \pm 1\ \mu m$	
Feb. 07	-		$201,7 \pm 3\ \mu m$			$203,3 \pm 1,5\ \mu m$	

Tabelle C.2.: Vergleich unterschiedlicher Messverfahren zur Bestimmung der Kanalbreite für verschiedene gefräste Kanäle mit unterschiedlichen Nachbearbeitungsverfahren zur Entgratung. Die Genauigkeit der angegebenen Messverfahren ist höher wie die angegebenen Standardabweichungen. In den Standardabweichungen sind die Ungenauigkeiten des Mikrofrässverfahrens, was der Kanalrauigkeit entspricht, die Ungenauigkeit des Messverfahrens und der Ermessensspielraum beim Ablesen der Ergebnisse enthalten.

i want morebooks!

Buy your books fast and straightforward online - at one of world's fastest growing online book stores! Environmentally sound due to Print-on-Demand technologies.

Buy your books online at
www.get-morebooks.com

Kaufen Sie Ihre Bücher schnell und unkompliziert online – auf einer der am schnellsten wachsenden Buchhandelsplattformen weltweit! Dank Print-On-Demand umwelt- und ressourcenschonend produziert.

Bücher schneller online kaufen
www.morebooks.de

VDM Verlagsservicegesellschaft mbH
Heinrich-Böcking-Str. 6-8
D - 66121 Saarbrücken

Telefon: +49 681 3720 174
Telefax: +49 681 3720 1749

info@vdm-vsg.de
www.vdm-vsg.de

Printed by Books on Demand GmbH, Norderstedt / Germany